「百姓仕事」が自然をつくる

2400年めの赤トンボ

宇根 豊

築地書館

田んぼ、里山、赤トンボ……
美しい日本の風景は、農業
が生産して
来たのだ……
生き物の
にぎわいと
結ばれてきた
百姓仕事の
心地よさと
面白さ。

はじめに

ぼくは赤トンボに語りかける。きみは幸せだろうか。きみが田んぼで生まれていることを、ぼくがいたるところで、語り続けていることをどう思っているだろうか。そうまでしなければ、自然は認識されないのかと、深いため息をついているのだろうか。

赤トンボを中心にした本を書こうと思ったのは、赤トンボが田んぼで生まれていることを、長い間ぼくも百姓も知らなかったからだ。見ていなかったわけではない。でも、その意味がわからなかった。そのことに語る価値があることに気づかなかった。このことを伝えなければ、百姓仕事のすごさと、自然の豊かさは、これから先もずっと伝わらない、評価されないままではないかと不安になったからだ。

ぼくにとって、赤トンボの意味がわかったのは、日本を離れたときだった。一九八八年、ぼくは仲間の百姓と、カリフォルニア州とアーカンソー州の田んぼを見に出かけた。寂寥とした風景の中で、わずかに赤トンボが飛んでいるのにびっくりした。そしてまた一九九〇年、中国の雲南省のシーサンパンナに出かけたとき、やはり赤トンボが群れ飛んでいるのを見た。さらに一九九五年から、カンボジアの村に通うようになったが、そこには赤トンボがいたるところにいた。しかも九州の赤トンボと同じ種であることも確認した。でもカンボジア人もまた、赤トンボに特別な感情は抱いていない。なぜ、日本人だけが、こんなに赤トンボに特別の思いを抱くようになったのだろう、と考え込んでしまった。

田んぼの「減農薬運動」は、一九七八年に福岡県筑紫野市で、八尋幸隆さんの田んぼから始まった。広範囲に展開されるのは一九八三年から、福岡市農協の減農薬稲作研究会の取組みからだ。減農薬の成果は、地域での農薬散布回数の劇的な減少や、「減農薬米」の先駆的な産直という現象で語られることが多かった。しかし、すぐに目に見える形で変化が現れたのは、赤トンボの増加だった。「ほんとうに、増えてきたね」という言葉を、何十回と耳にしたことか。

しかし、それでも当初は「赤トンボが田んぼで生まれている」ことの、ほんとうの意義を自覚していなかった。「赤トンボなんか、一銭にもならない」と陰口をたたかれながら、その意味を探り、発見してきた年月を、ぜひこの本で紹介したいと思う。

減農薬稲作で、赤トンボが復活してくるほんとうの理由がわかるのは、一九九〇年頃だった。なんとこのトンボは、東南アジアから毎年飛んできていたのだと、知ったのだ。田んぼが東南アジアまでつながっていることを、はじめて実感した。赤トンボが田んぼで生まれている現象はこんなに深く、こんなに長く、こんなに広いのかと、はじめて認識した。この時、ぼくは「農業」ではなく、「農」をこそ語らなければならないと決意したのだった。農の表現と評価を大転換してやろうと、心に決めた。だから百姓仕事が、赤とんぼに代表されるこの国の自然を支えてきたわけを、ここで明らかにしよう。そのことが一人一人の国民の人生にとって、何の意味があるのか、説明しよう。

だから、この本は「赤トンボ」の解説書ではない。ぼくは赤トンボに心を動かす人に、あるいは心を動かさなくなった人へ、赤トンボの視線で、ひたすら語りかける。それは、農業と自然にそそがれるまなざしの大転換を準備するためだ。

もくじ

3章　百姓仕事は、なぜ表現されていないか

4章　自然保護と農の和解

人はなぜ、赤トンボが好きか

1章

タマシイのうえにとまる赤トンボ
ずっと生きてきた時が、ささやく
変わらないものが
なぜ
亡ぶ

田の中の石
田の中の岩が、見守っているような田んぼ。

赤トンボ、その表現の豊かさ

赤トンボやメダカを知らない人が増えてきた

赤トンボは夏空、秋空で、一番よく目につく生きものだろう。赤トンボも十数種類いるけど、何十匹、何百匹もが群れ飛ぶあの赤トンボが、この本の主役だ。

子どもの頃、トンボの中でも赤トンボは一番つかまえやすいトンボだった。いつも庭先で飛び交っていて、虫取り網はもちろん、竹ぼうきでも採れた。とくに夕方になるといっぱい集まってきていた。夕空の赤トンボの風景は、忘れられない。最近は、あの頃と変わらぬぐらいの量が復活してきているのに、あの頃とちがうのは、赤トンボに親しむ時間と機会と空間が、人

赤トンボの代表、薄羽黄トンボ（ウスバキトンボ）
薄羽黄トンボはぶら下がるようにとまるとまり方に特徴がある。

表1-1　赤トンボを好きか（1997年）

好きだ	何とも思わない	嫌いだ	合計
5人	34人	4人	43人
11％	79％	10％	100％

間の側にはなくなってしまったことだ。子どもたちが赤トンボを追っている姿は見かけないし、じっと赤トンボをながめている人もいない。

福岡県農業大学校の百姓志望の学生に「赤トンボが好きかどうか」と、アンケートをとったことがある。その答えは表1─1の通りだ。

将来農業をしようとする青年たちの心に、もはや赤トンボは棲んでいない。米の輸入自由化に危機を抱く百姓は多いが、赤トンボに接する文化は風前の灯火だ。このことに危機を覚える百姓はほとんどいない。学者や行政者はなおさらだろう。

同じことはメダカや蛙や野の花についても言える。メダカすくいは魚採りの中でも、いちばん手頃な遊びだった。蛙を捕まえるのも難しいことじゃなかった。畦道の花や草を摘んで帰るのはあたりまえだった。ところがメダカがいつの間にか姿を消し、蛙もヒキガエルや殿様ガエルは姿を消そうとしている。道路は歩道まで舗装されて野の花もみすぼらしい。これらの生きものとのつきあいが、薄れていくのは当然だろう。

ところが、こういう時代なのに「赤トンボが増えてきたのは、減農薬のおかげだな」というような会話が聞かれるようになった。どうやら、こうした現状に心を痛めている人たちによって、世間のまなざしが、また赤トンボなどの身近な田んぼの環境に向き始めてきたようだ。

表現された赤トンボ

赤トンボは、さまざまな書物でも表現されてきた。「秋津島、瑞穂の国」という表現も最近はほとんど使われることもなくなったが、「秋津」(アキツ、アキヅ)とは、赤トンボのことで、瑞穂とはすばらしい稲穂だから、「この国は、赤トンボが群れ飛ぶ風光明媚なところで、その赤トンボが生まれる田んぼでは、稲穂がたわわに実る」という意味だった。「瑞穂の国」という言い方は、すんなり納得できるけど、秋津島には簡単には同意しがたいかもしれない。なぜそんなにトンボを、とくに赤トンボを特別扱いにしなくてはならなかったのだろうか。

『日本書紀』の物語を紹介する。九州から攻めのぼって大和を征服した神武天皇は、夏の四月一日(現在の五月)に、国中を見て回ったそうだ。奈良県の御所市の丘に登ったとき、この地をながめ回して、こう言った。「ああ、なんと美しい国を手に入れたものか。山に囲まれ狭い国だけど、まるで赤トンボが交尾しているような感じだな。」この言葉から、この国を「秋津島」と言うようになったそうだ。

『古事記』の雄略天皇の項には、よく似た別の話が載っている。狩りに出かけた彼の腕にアブがかみついた。ところがすぐにトンボが飛んできて、そのアブを食べてしまった。感激した彼は、このトンボを国の名にしようと考え、秋津島と名づけたのだそうだ。この時代にすでに、赤トンボに特別の愛着が生まれていた証拠になるだろう。

神戸市の桜ヶ丘遺跡から出土している銅鐸は有名だ。同じ人がつくったとされるものが他にも出土していて、田植えしている早乙女やアメンボ、カマキリ、亀、蛙、サギなどと同時にトンボもレリーフされている。全部田んぼの「益虫」であることに注目したい。すでに害虫と益虫の区別を意識していたということだ。赤トンボは明らかに、田んぼの「益虫」と意識されていて、しかも田んぼで生まれていることをみなが知っていたから、なおさら特別扱いされたのだ。田植え前の祭りで、赤トンボを描いた金色の銅鐸をうち鳴らし、豊かな実りを願った先祖の思いが伝わってくる。

大事にされた赤トンボ

ぼくの住む九州では秋アカネは少ない。西日本で「赤トンボ」と呼ばれている、群れ飛ぶ赤トンボの標準和名は「薄羽黄《ウスバキ》トンボ」と言う。この名を知っている人は昆虫学者、昆虫愛好者ぐらいだろう。ぼくはこのトンボのことを、当然のように「赤トンボ」だと表現していたら、「薄羽黄トンボは赤トンボではない、黄トンボだ」と、手厳しく注意されたことがある。生物学の分類上はそうかもしれないが、西日本の人間はこのトンボを「赤トンボ」と呼んできたし、秋になるとオスは結構赤くなるものだ。赤トンボと呼んできた文化の方が、分類学より古いのだ。このことを忘れてしまう「科学的」な知識は、困ったものだ。

ところで、近代になって赤トンボに再び光をあてたのは「夕やけ小やけの赤トンボ、負われてみたのはいつの日か」と唄う童謡だった。大正一〇年（一九二一年）に発表されたこの歌「赤トンボ」は、哀しい歌だ。それもそのはず、五歳で母を亡くした作者が、子守に背負われて、母を思う歌だからだ。もともとの子守歌とは、子守が故郷の実家を想い出して唄う歌だった。この歌はそうした悲しさを土台にしながら、一二、三歳の雇われた子守に負われて（追われて、ではない）見た赤トンボを、母の思い出とダブらせて唄うのだ。だから六月の山の畑で桑の実を摘んだ日々は、母と子守との思い出だ。その子守（姐や）も奉公が終わり、嫁に行ったきり、便りも絶えてしまった。だからこの歌には、時間がずれたいくつもの情景が唄い込まれていることに注意してほしい。

作詞者の三木露風は、兵庫県竜野で小さい頃を過ごしたから、子守に負われて肩越しに見た

赤トンボ（アキアカネのオス）
秋になるとオスは真っ赤になる。

赤トンボが薄羽黄トンボだったのか、秋アカネだったのかわからない。兵庫県にはどちらの種もいるからだ。「とまっているよ、竿の先」だから、秋アカネだと言う人もいるが、それはこの歌を、大人になった露風が北海道函館のトラピスト修道院で、窓の外の竿の先にとまった秋アカネを見て作詞したからである。この秋アカネを見て、露風は幼い頃の思い出の世界に、タイムスリップしていったのだった。だから後日、露風が回顧した文に「群れているとか、たびたび見るとかで、わりあいによく印象を受ける虫である」というのがある。あとでくわしく説明するが、これは薄羽黄トンボの特徴だ。つまりこの詩に歌われている思い出の赤トンボは、じつは秋アカネから連想された薄羽黄トンボということになる。露風は目の前の秋アカネを、思い出の薄羽黄トンボと同じものだと思ったのだ、ぼくはそう思う。たしかに薄羽黄トンボは竿の先には、とまらない。途中にぶら下がるようにしてとまる。

三木露風や作曲した山田耕筰の思い出の中の赤トンボはともかく、ぼくたちにはそれぞれ思い出の赤トンボの風景がある。それを想い出す歌として、この歌はじつに大きな力を発揮してきたと言えるだろう。ただ、誰一人として、その思い出の赤トンボが、田んぼで生まれていることを想い起こすことはなかった。それは、そこまで時代が、求めてはいなかったからである。近代の赤トンボはこの歌によって、見事に表現されたが、出生地を再発見するには、さらに七〇年を要することになる。

誤っていた教科書

かつて光村図書から出版されていた小学校三年生の国語の教科書に「秋アカネの一生」というなかなかいい文章が載っていた。ぼくの娘が小学生の時だから、もう一〇年も前になる。そこには「春になると、池や小川の水の中で、秋あかねの子どもが、たまごからかえります」と書き出されている。この教科書は、昭和六一年から、平成三年までの六年間、全国の小学校の約六〇％で採用されたようだから、毎年約一〇〇万人の子どもたちに読まれたわけだ。今でも「赤トンボは田んぼで生まれています」と話すと、「小学校の時には川やため池と習ったんですけど……」と反論されたのは一度や二度ではない。筆者は佐藤有恒さんという写真家で『赤トンボの一生』という本も出版されている。もう亡くなられているので、確かめようもないが、どうしてこうした誤った記述になったのだろうか。秋アカネはほとんど、田んぼで産卵し、翌年田んぼで孵化する。そのことが佐藤さんという赤トンボの専門家も知らなかったというのは、どうしてだろうか。そのことを責めようとは思わない。ぼくだって、十数年前までは、「知らなかった」のだから、むしろ、なぜ多くの人が「知らなかった」のか、そのわけを考えてみよう。

赤トンボの研究の遅れ

それにしても、田んぼの生きものたちの実態はほとんど知られていない。日本人が愛した群れ飛ぶ赤トンボが、西日本と東日本で違う種類のトンボだということも、ほとんど知られていない。まして、この秋アカネや薄羽黄トンボのほとんどが田んぼで生まれていることが知られ始めたのは、一九八〇年代のぼくたちの減農薬運動によってだ。佐藤有恒さんが秋アカネが田んぼで生まれているのを知らなかったのはやむをえなかったと思う。それにしてもなぜ、こういう事態が長く続いてきたのだろうか。

赤トンボのことを研究してきたのは、ほとんどが在野の研究者である。あるいは理学部の生物学者である。この人たちの研究が今とても大事になっている。しかし、彼らの調査フィールドはおもに川やため池である。田んぼの中は、ほとんど調査されていない。なぜなら田んぼは私有地である。川やため池とちがって、田んぼの中に勝手に入って調査はできなかった。また、田んぼは農薬を散布するし、「どうせ、たいした生きものはいないだろう」と考えた人も多かった。

一方、本来田んぼの中の生きものを研究対象にしている農学者は、どうだったろうか。彼らは害虫しか眼中になかった。「でもトンボは益虫でしょう?」と思われるかも知れないが、農薬を散布して害虫を殺すから、益虫は必要ない、という考えが主流であった。わずかに一九六〇年代後半から、益虫にも目を向けた「総合防除」の研究が力を増してくるが、なぜか「クモ」以外の益虫は調査されることは少なかった。クモはどんな種類がどれくらいいて、どれくらいの害虫を食べているかが、じつにくわしく感動的に調べられたが、トンボなどはさすがに調査しにくかったのだろう。

ここに、この国の学問や科学のいびつな構造が、よく現れている。この国の近代化された農学は、とうとう赤トンボをとらえることなく最近まで来たというわけだ。しかも赤トンボは田んぼから姿を消していくことになる。一九六〇年以降、水田への農薬散布は増え続け、多くの生きものの息の根を止めてしまった。それは、「農薬公害」と騒がれ、人間に毒性の強い農薬が追放された一九七〇年以降も、歯止めがかからなかった。なぜなら、それ以降も「低毒性」の農薬の散布回数は増えていったからだ。こうした時代に終止符を打ったのが、一九八〇年代の減農薬運動と、トンボ公園づくりだった。この二つの運動が出会うことで、赤トンボは再び脚光を浴びることになる。

トンボの語源

ここで、トンボと日本人のつきあいを振り返ろう。

方言は古語が多い

「方言周圏論」という面白い考え方がある。柳田國男が唱えたものだ。新しい言葉は生まれた中心から段々に周辺に広がり、また次の新しい言葉も中心から広がり始める。その結果古い言葉ほど「方言」として周辺に押しやられて残り、周辺同士で似た方言になる、というものだ。それをトンボで確かめたのが、斉藤真一郎さんの『虫と遊ぶ』（大修館書店、一九九六年）だ。以下はこの本からの紹介だ。トンボの呼び名は文献上の古い順に言うと、①アキヅ（アキツ、アケズ）、②エンバ（ヘンボ、ヤンマ）、③トンボ、の順となる。

したがって、①アキツ系のアキヅ、アガンキ、アケジ、アケズが福島から青森の東北地方と、アーケー、アケシが鹿児島県と沖縄県に、今でも伝承されている。ところが、②エンバ系のエンバ、ヘンボ、エンブ、エンボ、センブなどは九州にしか見られない。ひょっとするとアキツに劣らず古いのかも知れない、と斉藤さんは言う。③トンボ系は新しいだけにトンボとして、全国に見られる。

これらの系列とは別に、東北には「ダンブリ」「ダブリ」という独特の呼び名がある。また赤トンボはその形態から、コシュ（胡椒）、南蛮（南蛮胡椒）などと、赤い唐辛子にたとえるものや、彼岸トンボ、十五夜トンボ、夕焼けトンボというものもある。江戸時代にはタノカミやコウヤヒジリ、という方言もあったという。実に多彩な名前が全国各地に残っているということは、いかにこのトンボと人間のつきあいが深かったかという証拠だ。

盆トンボと精霊トンボ

ところで斉藤さんは、赤トンボの方言として、それぞれのトンボの方言の前に、「精霊」と「盆」がつくものが、とくに西日本に多いと言っている。ぼくの故郷の長崎県島原地方でも「精霊ヘンボ」と呼んでいたものだ。ぼくに言わせれば、このトンボが薄羽黄トンボだからこそ、こう呼ばれるのだ。もともと盂蘭盆は陰暦の七月一五日だから、太陽暦では八月になる。現在の八月一五日頃の盆の頃には、秋アカネは山に登っていていない。里にいるのは薄羽黄トンボだ。だから精霊《しょうりょう》トンボ・盆トンボは薄羽黄トンボのことだ。「盆」「精霊」の呼称のもっとも東側は、愛知県、神奈川県だぞうだ。たしかに現在でも薄羽黄トンボをかなり見かける地方である。

ここで斉藤さんは「盆」と「精霊」のどちらが古いかわからないと言うが、ぼくの説はこうだ。先祖の霊は正月と盛夏にその家に帰ってくる。これは稲作が始まる前からの、習慣だったようだ。先祖の霊は、村の近くの森と里を往復するというものだ。

ぼくの住む村では夏祭りにしめ縄をつくり、門口にかける。また隣村との境にも飾る。その意味が理解できなかった。なにしろ、しめ縄はその家の神さまが帰ってくるときの境界を示す目印なのだから。正月だけでなく盛夏（盆）にも神さま（精霊）が、くたびれたぼくたち人間の魂の再生のために戻って来るという話を聞いたときに納得した。

九州では赤トンボは「盆トンボ」とか「精霊

虫の札
虫除けの札を立てた田。イネとカミの力を信じた。

トンボ」と呼ばれて、お盆になると仏様（先祖の霊）を乗せてやって来て、仏様を乗せて帰っていくと、言い伝えられてきた。だから、殺してはいけないよ、というわけだ。つまり稲作が渡来した後、盛夏に先祖の霊を運ぶ生きものに赤トンボが選ばれ、精霊トンボと命名された。それほど、赤トンボはこの国の人間にとって、身近で愛すべきものになっていたのだろう。やがて仏教が伝来し、盆行事が始まると、盆トンボという名前が新たに生まれたのではないか。だから「精霊トンボ」から「盆トンボ」へと変化していったのではないだろうか。「赤トンボ」という名は、それからあとのずっと新しい呼び名だと、ぼくは思う。ところが、小学館の『日本国語大辞典』の精霊トンボの項に、これはウスバキトンボのことだと明記してあるのには驚嘆した。その理由までは明示してないが、この辞典を編纂した国語学者の眼力には脱帽する。

だから、東日本の人間と西日本の人間とでは、赤トンボへの思いが、相当違うのだ。にもかかわらず、奇しくも薄羽黄トンボと秋アカネが、この国を二分するかのように、田んぼで生まれてくることに感動してしまう。もちろん、この二種が一緒にいるところも多い。

トンボの語源

以下、小学館の『日本国語大辞典』を参考にして、トンボの語源を考えてみた。

●アキツ（古い時代にはアキヅだったが、平安時代以降はアキツ）の語源はいろいろな説がある。

①秋ツ虫の下が略された。「ツ」には集まり群がる意味があるので、赤トンボにぴったりのような

気がする。②秋つどい虫の省略形である。③秋霊（アキチ）あるいは、稲霊（アキチ）の転用。④明き翅（アキツバサ）の省略形。⑤飛ぶ様子から、陽炎（カカキツ）の意味。

●エンバの語源は、①エは赤で、赤羽という意味。②羽が美しいという意味の笑羽（エバ）からきた。③羽が四枚もあることから、八重羽（ヤエバ）がなまったもの。

●トンボの語源は、①飛び羽（トビハ）からきた。②飛び坊の意味。③東方が訛ったもの。その理由は、トンボは昔は「秋津」と呼ばれていたが、その秋津島は唐（中国）の東方にあるから。この説は、相当のこじつけのような気がする。④秋津島の地形が東方を向いたトンボに似ているから。⑤八重羽が転じたヤエンバの訛。⑥尻舐飛（アトネブリトビ）の意味。⑦飛炎（トンホ）の意味。⑧高いところから飛び降りる様子を形容したツブリ、トブリが転じたもの。

頭が混乱するぐらいに、いろいろな説明のしかたを考えるものだと感心した。

赤トンボを食べる

ところで、赤トンボを食べる習慣が全国にあったことに驚いた。梅村甚太郎さんの『昆蟲本草』（正文館、一九四三年、科学書院、一九八八年復刻）から引用する。もちろんヤゴを焼いたり煮たりして、食べる地方もあったようだが、多くは薬用として好んで使用されていたと言う。どんな病気に効いたかというと、喉痺、喉腫、咳止め、魚骨の喉刺し、小児口舌病、扁桃腺炎、百日咳、喘息、風邪、耳痛、ジフテリア、解熱、麻疹、腫れ物、撞眼、赤痢、神経痛などである。主に口の中と、呼吸器系に効果があるようだ。ところでその利用法だが、①翅をのぞいて黒焼きにする。それを塗布したり、粉にして塗ったりした。②ヤゴは焼いたり、煮たりして、佃煮にしたりして食べた。③乾燥させて粉末にして患部につける。あるいは煎じて飲む。④焼いて粉末にしたものを湯で服用する。

うーん、となりたくなる。全国各地の習慣として記録が残っているのだから、効果はあったのだろう。東南アジアに行くと、タガメ、ゲンゴロウ、コオロギ、クモ、蜂などあらゆる生きものを食べている。日本でも信州の昆虫食は有名だが、こういう習慣が全国にあったことは不思議でも何でもない。

稲刈り交流
都会人にとっても、食べるものがとれる田は、体の延長。

なぜトンボの中でも赤トンボか

薄羽黄トンボと秋アカネ以外のトンボは、人間が近づくと逃げる。ところがこの二種だけは、逆に人間をめがけて集まってくる。人を恐れないどころか、じっとしていると、顔のすぐ前を横切るぐらいだ。ぼくは冗談で「今から赤トンボを呼び寄せてみましょう」と言って、田の中に入る。数分田の中を歩きながら、畦に立ってこちらを見ている来客に向かって話を続ける。すると必ず、赤トンボがどこからともなく、寄ってくるのだ。客はみな驚く。田植え後一月以上たった夏の話だ。午前中よりも、午後がいっぱい集まって来るようだ。

もっとも秋アカネは、薄羽黄トンボほど集まらないようだ。羽化後に田んぼにとどまる期間が短いことと、ねぐらが田んぼ以外のことが多いからだろう。

百姓は、田の草取りをしているときに、寄ってくる赤トンボをいとおしく感じる。「自分を慕って来た」ような印象だからだ。でも、ほんとうの理由は、百姓が田に入ると、葉にとまっていた虫たちが、ざわめいて飛び立つ、それを食べるために、集まってくるのだ。いかにこのトンボが、人間の近くで生きてきたかを証明する性質ではないか。

ところで、赤トンボの羽音を聞いたことがあるだろうか。それは難しいことではない。田んぼの中で、赤トンボが寄ってきたら、じっと中かがみになったままの姿勢でいるのだ。そのうち顔の近くを次々にトンボが通り過ぎる。そして、耳の横を通り過ぎるとき、ブーンという羽音を聞くことができる。はじめて聞いたときは、なんとやかましい音だ、という印象だった。

2章 人はなぜ、赤トンボの出生地を知らないのか

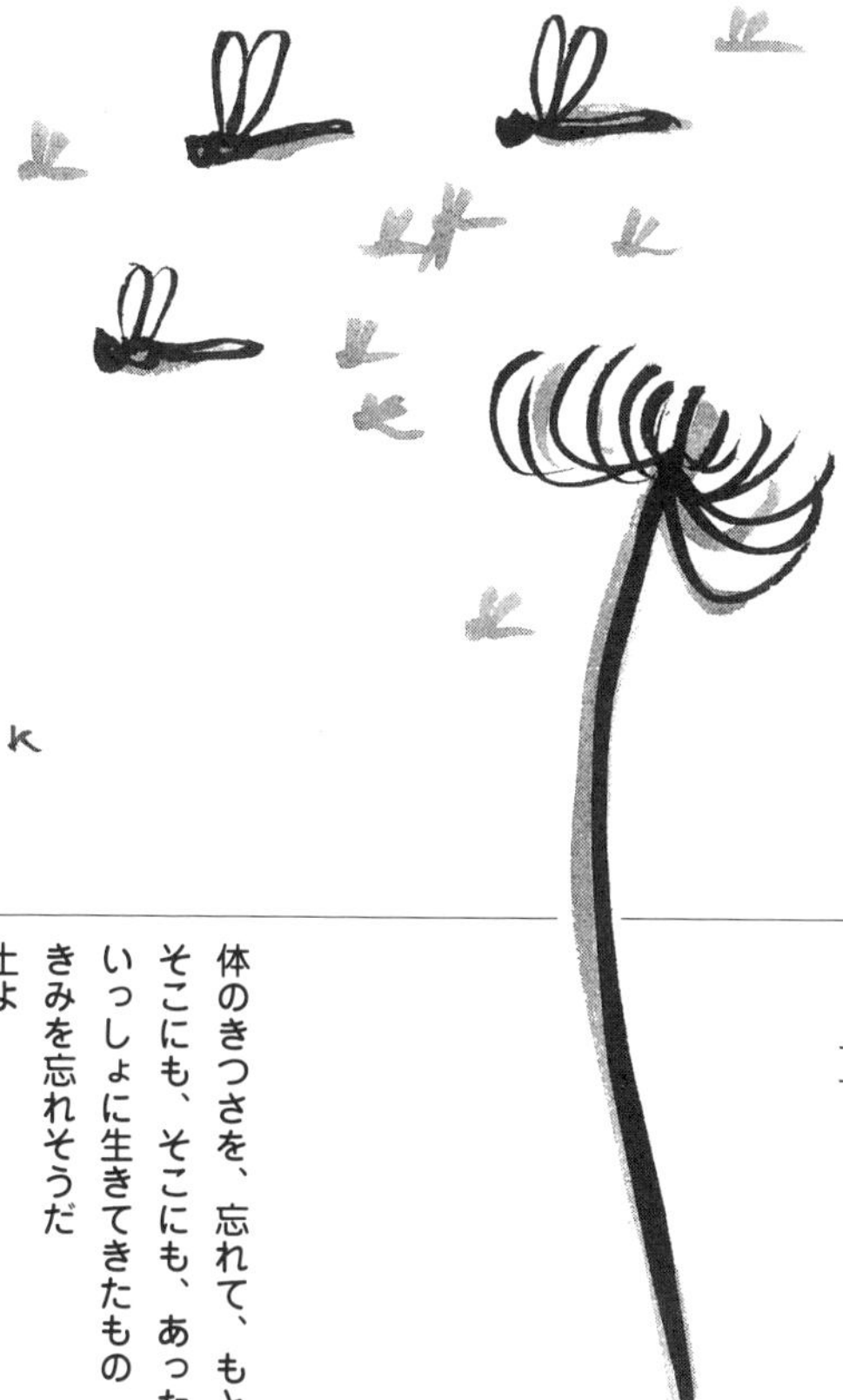

体のきつさを、忘れて、もとめるものが
そこにも、そこにも、あった
いっしょに生きてきたもの
きみを忘れそうだ
土よ
草の花がにあう土よ

赤トンボの真実

ほとんどの赤トンボが田んぼで生まれている

田植えが終わり一月もすると車を運転していても、急に道路に赤トンボが増えてきて、フロントガラスにぶつかってくる。ところが赤トンボが田んぼで生まれていることを、育ての親の百姓すら知らないことが多い。赤トンボに限らず、田んぼで生まれる自然の生きもののことは、ほとんどわかっていないし、当然国民に伝えられてはいない。

それはこういうことだ。たとえば、道ばたの花に気づくとする。その花の美しさに気づかなければ、そのまま通り過ぎてしまう。気づいたとする。じっと見つめる。美しさを受けとめ、観賞する。美しさを表現する。言葉にしてる自分がそこにいる。しかし、その花がいつ芽生え、どうして冬越しをして、なぜそこに生えているか、と考えることはない。ただその花の美しさが、心に残る。それで何の不都合もない時代が何千年も続いてきた。

秋になり、庭の虫たちが鳴き始める。この音色に聞き惚れる。音色をいろいろと表現してみる。場合によっては、虫の名前を詮索することもあるだろう。でもその虫が何を食べ、幼虫の時期をどこで過ごし、なぜ毎年こんなに発生するのだろうかと、思いをはせることはない。それでまずいことはない。そうして、何千年も過ぎてきた。

ところが、花を田んぼの雑草に、秋の虫を田んぼの害虫に変えると、事態は一変する。その生態を解明することによって、防除法を工夫しようとする研究が成り立つ。つまり農学の、科学の対象となるのだ。生産に直接寄与したり、生産を阻害する要因は、科学の対象になるが、そうではないものはならない。このことに誰も異存を唱えなかった。現在でもそうだ。むしろ、そうではないものを研究しようとすると、やれ「趣味だ」「農業生産の苦労がわかってない」などと論難されるありさまだ。だから、赤トンボは農学の対象として扱われることはなかったことだけをくり返しておこう。

なぜ田んぼで生まれるのか

なぜ赤トンボは田んぼで生まれるのかと、子どもたちによく聞かれるが、それは田んぼが赤トンボに具合がいいと言うしかない。田植え前の代かきが終わると、田んぼの水は地下に浸透しにくくなり、安定する。しかも太陽の熱で水は温まる（北方系の秋アカネは冷たくてもいいかも知れない）。また田んぼは、土が肥えていて有機物が多いので、有機物に依存するエサが多いのだ。エサとは動物プランクトンやユスリ蚊の幼虫のボウフラや小さな虫などだ。水の流れがなく、浅く、動きやすいし、水が乾上がることが少ない。また大雨の時も濁流に呑み込まれて流される心配がない。赤トンボの幼虫にとっては、こんなにいいところはない。

もちろん田んぼが開かれる前の縄文時代にも、湿地に赤トンボはいただろうが、多くはなかった。

弥生時代になり、湿地に田んぼが開かれていく。それまで赤トンボがいた沼や湿地の面積よりも、田んぼの面積のほうがはるかに広い。しかもやがて田んぼは、乾いた土地にも水を引き開田されていく。湿地が広がっていったようなものだ。日本に水辺の生きものが多い理由はここにある。湿地にいた生きものが、そのまま田んぼに移ってきたというわけだ。

ところで、赤トンボは日本中でどれくらい生まれているのだろうか。ぼくは、七月の中旬の田んぼで調査をしている。田んぼの中の一アールほどの広さを、丹念にヤゴの数、ヤゴの抜け殻の数を数えるのだ。いままでのぼくの記録の中で一番多かったのは、薄羽黄トンボだが、一〇アール（一〇〇〇平方メートル）に換算すると、約五〇〇〇匹だ。ところが、秋アカネは八郎潟の秋田県立農業短大の調査では約一万五〇〇〇匹という発表もある。一〇アールの稲株数は一万五〇〇〇〜二万一〇〇〇株ぐらいだから、いかに多いかがわかるだろう。多い田では一〜四株に一匹の割合で生まれているのだ。まあ少なめに見積もって、一〇アール一〇〇〇匹だとすると、全国では水田面積が二七四万ヘクタールだから、約二七四億匹になる。国民一人あたり二二八匹になる（米一キログラムにつき二匹という計算にもなる）。もっとも、現在では田んぼの三五％ほどが減反（生産制限）されているから、これよりはうんと少ないだろう。

東南アジアから飛来する

薄羽黄トンボが毎年毎年、東南アジアから飛んでくることによって、日本人の精神生活はどれほど豊かになったことだろうか。それにしても、どうやって海を越えてくるのだろうか。東シナ海の漁船に飛来中の薄羽黄トンボが集まってきて、休むことがよくあると言う。時には静かな海面に降りて、休むこともあるらしい。

この南方系のトンボは、沖縄の八重山地方以北の日本では越冬できない。四℃以下では死んでしまう。秋アカネが、霜に覆われても死なないのとは対照的だ。九州では田植えが終わると、どこからともなくやって来て、田んぼの水に尻尾の先をつけて産卵している姿をよく見かける。一〇アールに一～二つがいぐらいで、そんなに多くはない。どこから来るのか長い間わからなかったのは無理もないだろう。これは、田んぼの害虫であるウンカとよく似ている。ウンカも一九七〇年頃までは、国内越冬説と飛来説が激突していた。やはり東シナ海の船に飛び込むこ

カンボジア
カンボジアの薄羽黄トンボ。

とや、梅雨前線上で西からの気流が強くなる日に飛来することから、飛来説がほぼ定説になっているが、直接の証拠は未だにない。

九州では四月上旬から七月上旬まで飛来する。とくに五、六月は南からの季節風が吹いているので、一五〇〇キロメートル以上の渡りを助けるのだろう。奄美大島では「薄羽黄トンボが群れると、二、三日後には必ず低気圧が来て、海がしける」という漁師のことわざがあるという。高知県でも「シケトンボ」と呼んでいる地方があるという（『日本産トンボ幼虫・成虫検索図説』東海大学出版会より）。

それにしても、何のために飛来するのだろうか。幸運にもこの国の田んぼにたどり着いて産卵できる個体は、たぶん何億匹に一匹の割合だろう。海の彼方に産卵できる土地があることがわかっているわけではないだろうに。鳥なら帰ることもできるが、薄羽黄トンボやウンカは二度と故郷に帰ることはない。遺伝子の中に何かが組み込まれているのだろう。

もし、東南アジアの赤トンボが農薬などで激減する事態になるなら、同時に日本の赤トンボも激減することになる。ぼくたちはアジアの国の自然環境のめぐみをただ享受するばかりなのだ。

薄羽黄トンボの一生

薄羽黄トンボの一生をおさらいしておこう。断っておくけれど、このトンボのことは、まだまだわからないことが多い。四月の下旬になると、福岡でも早期栽培の田植えが始まる。するともうオスと連結した薄羽黄トンボのメスが、田の水の中に尻尾をつけて、次々に卵を産みつけている姿をよく見かける。だから、薄羽黄トンボの日本での最初の羽化は、それから四〇日後の六月上旬だ。しかし、この時期にはあまり多くはない。

このトンボがもっとも多いのは、六月上中旬に飛来して産卵する場合だ。ぼくのうちの田んぼの薄羽黄トンボで説明しよう。薄羽黄トンボが田んぼに産卵できるのは、田植え後二〇日以内だろう。それ以上になると、稲の葉が繁ってきて、舞い降りるのに邪魔になるからだ。だから六月一〇〜二〇日に産卵した薄羽黄トンボは、五日もたつと幼虫が生まれてくる。

ヤゴはミジンコや小さな虫を食べながら急激に大きくなっていき、脱皮を五回くり返した後、三〇日で成虫になる。夜になると稲の茎を登り、背中が割れて、トンボが羽化する。つまり七月中下旬になると、朝の田んぼは薄羽黄トンボだらけだ。朝露に濡れ、無防備な赤トンボはじっと乾くのを待っている。やがて田んぼを旅立った赤トンボは、方々に出没する。学校の校庭で、公園で、河原で、畑で、山頂でも、どこでも見かけるようになる。移動派と水田定住派とに分かれるのだろうか。定住派は、田んぼでもずーっと、一〇月上旬まで飛んでいる。そうとう長生きのトンボで、三か月は生きていて、一〇月の稲刈りの頃まで普通に見かける。

この日本で生まれた新しい薄羽黄トンボは、東日本へも移動していくらしいのだ。近畿東海地方では七月中下旬になるとおびただしい数が飛来すると言うが、これは九州や四国の田んぼで羽化した薄羽黄トンボが、国内を二次移動していると考えていい。最後にはこのトンボは北海道まで北上

赤トンボ（ウスバキトンボ）
薄羽黄トンボはどこにでも出かけていく。（新井裕撮影）

赤トンボ（アキアカネ）
くいなどの先にとまるのが秋アカネの特徴。（新井裕撮影）

することがわかっている。もちろん北に行くほど、その数は減っていく。

秋アカネの一生

九州の平地では、秋アカネを見かけることはほとんどない。このトンボは北方系のトンボだから、九州でも山地の田んぼでは見かけるし、日本列島を北上するにつれ増えていく。東日本の秋アカネは、九月中旬になると山から平野に下りてくる。ぼくは夏から秋まで、ずっと田んぼの薄羽黄トンボの大群と一緒に百姓仕事をしているから、薄羽黄トンボの方が多いに決まってると思いこんでいる。ところが、「宇根さん、秋アカネの大群が切れ目なく、目の前を通り過ぎていくのを見たことがないでしょう。それが、二〇分も続くのですよ」と友人が目を輝かせて語るのを聞くと、自信が揺らぐのだ。その数は数十万匹にもなると言う。田んぼに戻ってきた秋アカネは、稲刈り後の田んぼの水たまりに産卵する。卵の大きさは〇・五ミリメートルぐらいだ。産まれた卵は、土が一週間ぐらいは濡れていることが必要だが、その後田んぼが乾いても、平気だそうだ。これが田んぼに適応して、田んぼで大発生する秘密なんだろう。そのまま卵で、冬を越すことになる。年が明け、夏が来て田植えのための代かきが始まると、卵は孵化する。孵化したヤゴは一月あまりで、やはり夜になるとトンボになる。東北地方の田植えは五月の中旬が多いから、秋アカネの成虫が生まれてくるのは、六月下旬から七月上旬の夜になる。秋アカネはしばらくすると、暑さが苦手らしく涼しい山に登ってしまう。だから、七、八月は平地では見かけることがない。このトンボが北方系のトンボである証拠なのだろう。ここが大切なところだ。七月中旬から九月上旬に赤トンボをいっぱい見かけるなら、それは秋アカネではなく、薄羽黄トンボの方だということになる。八月に新潟平野の水田の調査をしたことがあったが、一匹の赤トンボとも会うことがなかった。さびしい田んぼだなあ、と思ったことを覚えている。

ただ秋アカネは、一二月まで生きていることも珍しくないそうだ。ここが南方系の薄羽黄トンボとちがうところだ。

稲と共にやって来た生きもの

ぼくは畦に立ち、光をはねかえしてきらめく空いっぱいの赤トンボを見ながら、赤トンボへの愛の起源を説明する二つの物語を考えた。稲作の始まりを弥生時代の開始だとすれば、弥生早期の話になる。田んぼで稲作をやる技術は、渡来人によって伝えられた。ぼくが住む福岡県糸島郡二丈町には、曲り田遺跡という弥生早期の集落跡がある。炭化した籾が見つかっている。今から二四〇〇年前のこの時期、朝鮮半島からの渡来人の大規模な移動があったらしい。この人たちは明らかに骨格がちがっていた。やがて渡来人は先住民と混血していく。そのことは発掘された人骨で証明されている。いま渡来人を弥生人と呼び、先住民を縄文人と呼んでおこう。

弥生人は、稲を携えて、この国にやってきた。次第に田んぼを拓きながら、東進していく。当然その田んぼからは、赤トンボ（薄羽黄トンボ）が大量に生まれてくる。「ああっ、ふるさとのトンボがここにもいる」と、懐かしい思いがこみ上げてくる。このトンボは大事にしなくては、と考えるようになった。これがぼくの唱える「赤トンボ弥生人説」だ。

もう一つの物語はこうなる。縄文人は、弥生人が水田を拓くのを見ていたが、そのうちに開田と稲作を習い始める。もちろん、拓いた田んぼからは赤トンボが生まれてくる。今まであまり見かけなかったトンボだ。「そうか、このトンボは稲と共にこの国に渡ってきたんだ。稲と同じように大事にしなくては」と思った。もちろん当時、薄羽黄トンボが東南アジアから飛んできていたことなど知るはずもないからだ。これが「赤トンボ縄文人説」だ。どちらが事実に近いのだろうか。

ヤゴ

薄羽黄トンボの幼虫は田んぼでよく目立つ。

二つの赤トンボ

ぼくは九州で生まれ、この歳まで生きてきたから、赤トンボと言えば、「薄羽黄トンボ」しか知らない。秋アカネのことは、実感としては語れない。ところが、秋アカネの方の名前はよく全国に知られている。赤トンボといえば、秋アカネだと言ってもいいぐらい有名だ。正直に言うけど、ぼくも「薄羽黄トンボ」という名前を知る前は、あの赤トンボを秋アカネだと思いこんでいたぐらいだ。その後、薄羽黄トンボの名前はどこに行っても知られてないことに愕然とし、薄羽黄トンボは「赤トンボ」じゃないという専門家に会うたびに、薄羽黄トンボを世に知らせてやろうと意気込むようになった。

だから、この本の紹介は薄羽黄トンボびいきになっていることだろう。薄羽黄トンボは、田んぼで羽化してくる七月中旬から、稲刈りの一〇月まで、ずっと田んぼにいる。いや田んぼにいるだけでなく、いたるところに出没する。秋アカネよりも圧倒的に人間の身近にいる時期が長い。そ

表2-1　薄羽黄トンボと秋アカネ

No.	1	2	3	4	5	6	7	8	9	10	11	12	13
事項	日本越冬形態	越冬地	産卵時期	産卵場所	移動	国内南北移動	人間に寄る	連結	オス	メス	卵期間	ヤゴ期間	寿命
薄羽黄トンボ	不在(八重山のみ)	東南アジア	4～7月	田植え後の田んぼ	田んぼの近く	東日本へ	寄る	する	秋にはオレンジ	薄い褐色	5日	25～30日	70日
秋アカネ	卵	国内の田んぼ	9～10月	稲刈り後の田んぼ	山へ	しない	少し寄る	する	秋には真っ赤	オレンジ	5日	30～40日	80日

れなのになぜ、秋アカネだけに光が当たったのだろうか。それは戦後コシヒカリに代表される東日本の文化が全国を制覇していったことと同根なのかも知れない。

日本人の自然観

「自然」とは、人為が加わらないこと、か？

赤トンボをぼくたちは「自然」の生きものだと思っている。ぼくたちが「自然」について何かを論じるときに、この「自然」という言葉が、議論を深めることを拒否してしまうのだ。なぜなら、「百姓仕事が自然をつくる」というと怪訝な顔をする人が多い。「傲慢じゃないか。人間の力で自然を創造するなんて。自然は人為の及ばないものだよ」と、すぐに噛みつかれる。「大自然」というと、南極大陸の氷河を思い浮かべるだろうか。しかし、待ってほしい。身近な自然に目を向けると、この「自然」の定義はどうもおかしい、と思ったことはないだろうか。

じつは日本人の自然観は明治二〇年代に、大転換してしまった。それまで、「自然環境」という概念は、この国にはなかった。ということは、この国には自然環境を意味する日本語がなかったということだ。だから自然環境を指す外来語の“Nature”入ってきたときに、それにあたる言葉がなかったから、困ってしまったのだ。そこで、それまで「人為の加わらない状態」という意味しかかなかった〝自然〟を翻訳語として無理やりあててしまったのだ。この時から、「自然環境」とは、人為の加わらないもの、という誤解＝新しい解釈が日本人には浸透していった（このあたりの事情は柳父章さんの『翻訳の思想』ちくま学芸文庫にくわしく説明がある）。

くり返すが、それまで日本語には環境を指す「自然」という言葉はなかった。言い換えると、それまで自然は意識されていなかった。人間の手が加わっているから自然じゃないという考えは存在しようがなかった。あえて、明治以降の「自然（環境）」という概念を持ち込むなら、すべて自然だったのだろう。現在でもその名残がぼくたちの感性にはある。なぜなら、田んぼで生まれる赤トンボもメダカも、ゲンゴロウもホタルも、蛙もヘビもぼくたちは、「自然」だと思っている。人為の加わらないのが自然だとい

棚田も自然
百姓がつくった田も、自然に見えるのはどうしてだろう。

う誤解が定着したあとでも、これらの生きものは、田んぼに稲を植えるという人為（仕事）によって、生存が保証されている生きものなのに、「自然」の生きものだと思っている。つまり江戸時代までの自然観は、人為が加わる加わらないに関わらず、すべてを区別することなく、つまり人間と自然を区別することなく（意識することなく）受けとめて、どっぷり浸かって来たと言うわけだ（西欧の近代の自然観が、自然を人間の外におき、自然を対象化し分析してきたのとは、大きな違いだ）。赤トンボが人為で拓いた田んぼで生まれているからといって、赤トンボは「自然」ではないと考える人はいなかったし、今もいない。

このように、自然は農に深く根ざしているのに、多くの人たちが自然には敬愛のまなざしを向けるのに、「農」にはそうではなく冷たい。これはどうしてだろうか。ぼくは、なぜこうした文化が形成されてしまったのかを解明したいと思っている。そうしないと、百姓ばかりか、トンボも蛙もホタルもコウノトリも白鳥も浮かばれないからだ。

時代精神が自然を遠ざける？

こうした自然観のほころびが表に出なかった時代は幸せだった。つまり農業がこんなに近代化される前は、今から五〇年ほど前までは、百姓は自然環境を意識する必要がなかった。自然環境は毎年変わらずに、風土に根ざし、あふれるばかりにそこにあった。そこに当然のようにあるものだった。「壊れていないだろうか」「守るためにはどうしたらいいだろうか」などと、考える必要はなかった。つまり、分析したり解明したりする科学は必要なかったし、あえて自然環境を表現したり、ことさら評価する必要性など、どこにもなかった。ただ、感じ、どっぷりつかって、暮らしていけばよかった。江戸時代までの自然観そのものだった。自然という概念は必要なかったのだ。日本の農政と農学はこの状況にあぐらをかき続けてきた。そのツケが大きくのしかかってきている。

つまり五〇年前からの「農業の近代化」によって、人間と自然の関係はよそよそしくなっていく。それは、二重の意味で残酷だった。一つめは、近代化は「自然」をタダどりする社会構造を利用することによって達成されたことだ。だから、今となっては人間が意識しなくては自然環境は守れないのに、いや、意識しても自然環境は守れないのかもしれないのに、「自然」をタダどりしてきた構造を見抜く人間が少ない。とくに農学の罪は深い。なぜなら、近代化された現在の農業技術の中に、自然環境を把握する技術などまったく見あたらない。こうして「自然」を支える百姓仕事は科学の対象にもならず、現在に至ったのだ。当然、修復する技術もない。たとえばホタルの餌（ヒメモノアラ貝）が田んぼの中で、どう暮らしているか知ってる百姓や農学者はいない。

二つめの不幸は、「科学」で表現されないものは、評価されない世になったことだ。評価されないものは、カネにならない。そのことに、誰も異を唱えない。百姓仕事が生み出す「自然」は、表現されることもなく、評価の対象になることもなく、静かに荒れていった。自然環境はいつのまにか、農作業の単なる「結果」になりさがった。

それにもかかわらず多くの自然環境が、どうにか存続してきた理由はどこにあるのだろうか。それは近代化されない精神と技術が、百姓に残っているからだ。ここに、近代化を超えていく可能性がある。だからあらためて、自然環境と百姓仕事を全ての局面で、結びつけて表現し、評価し直そう。いや、「再評価」ではなく、この国の農業の歴史のなかで「初めて、評価する」ことになるのだ。こう書くと、農業に関わっていない人は不思議な気がするかもしれない。「お百姓さんは毎日、自然を相手に仕事しているのに……」ところが、それは、百姓個人の気持ちの中に深く封印され、公的には自然環境に関わる農の本質は表現されていない。まして評価の尺度など、この国には未だにない。

しかしこれからは、近代化精神によって意図的に評価の対象からしめだされた、カネにならないモノを救い出すのだ。それを魅力的に表現し、評価する新しいまなざしを獲得しよう。そして「環境の技術」を意識的に形成していく新しい農法をつくらねばと思う。

閉じられた扉を開くと、そこには新しい自然があった

ところでなぜ「自然」は百姓の心の奥深く封印されてしまったのだろうか。仲間の「環境稲作研究会」（福岡県糸島地域）の百姓八三人に尋ねてみた。質問は「あなたの自然環境への考え方は次のどれに近いですか。複数回答可です」というものだ。

〝A〟と分類した「自分のために環境を大事にしているのだから、他人から（税金から）助成をもらおうとは思わない」つまり「他人から評価されようとは思わない」という姿勢は、一見おくゆか

しく、うるわしく見える。だが、ここに百姓の悲しさと限界を見るべきだろう。自然は百姓個人によってのみ、個人の思いだけによって、守られてきたのだ。このことにあまりにもこの国の国民は鈍感だ。

百姓はあきらめているようにも見える。「語ってもしかたがない。誰があたりまえのことに関心を持つだろうか」という気分だ。だから自分だけが抱きしめ、他人に向けて表現する努力をしなかった、とも言える。しかし、これでは百姓仕事から生まれる自然は、いつのまにか百姓自身にも自覚されにくくなり、評価の対象にもなりえずに、眠りにつくしかなかった。その結果、この国の自然は、カネ中心の時代精神に利用されるだけだった。百姓仕事が生み出す「自然環境」がタダだったから、工場が、道路が、ゴルフ場が、鉄道が、住宅団地が、ショッピングセンターが、安価で建設できた。ここから自然を救い出すことは、百姓仕事を救い出すことになるのだ。

表2-2　封印された「自然」の状態

No.	回　答	割合	分類
①	自分の命のために「自然環境」は大切だ。	74%	A
②	「自然環境」は農作業の結果として生じるもので、それでかまわない。	29%	A
③	減農薬の農業が、「自然環境」を守っていることを、もっと訴えたい。	48%	B
④	「自然環境」は農業によって維持できているが、カネにしようとは思わない。	27%	A
⑤	「自然環境」など守っても、一銭にもならない。考えても仕方がない。	0%	
⑥	「自然環境」もタダで維持できているものではない。カネになればいい。	14%	B
⑦	「自然環境」を大切にすることは、経費がかかるし効率が落ちるのが問題だ。	22%	B
⑧	農業はむしろ「自然環境」を壊している。	12%	C
⑨	生活していくためには「自然環境」を犠牲にしてもやむをえない。	9%	C
⑩	農業と自然環境の関係を考え出したら、頭が痛くなる。	7%	

そう考える百姓も農学者も役人もいなかった。ぼくが「農と自然の研究所」の設立に踏み切った理由は、一〇年前から、誰かがやってくれる、そう期待してきたのに、待てども待てども、誰もやってくれなかったから、自分がやるしかないと決心したからだった。農学者はやろうと思えばできたのに、なぜできなかったのか。そのわけが今となってはよくわかる。表現されていない世界は、経験しないとわからないからだ。農学者には表現された世界しか分析できない。自分で経験する場がなければ、百姓からそういう話を聞けなければ、試験圃場で、研究室で、そういう発想の研究をしようと思わないなら、そういう学問が起こるはずがない。

時代精神を超えることは難しい。ぼくにも十数年前だったら、できなかった。今ぼくがそれをやれると確信するのは、やらなければならないと熱に浮かされるように邁進しているのは、時代がそこまで来ているからだ。そうでもしなければ、もうもたないぐらいに百姓仕事は追いつめられているという意味と、同時にそれによって百姓仕事だけでなく、人間労働が救われる可能性が見えているからだ。表2–2で〝B〟と分類した百姓の気持ちにそれはよく表れている。つまり〝C〟と分類した百姓の心を拡大させたくないのだ。

ヨーロッパの自然観

それにしても、「近代」はなぜ、「自然」を発見できたのだろうか。なぜ「近代」はヨーロッパでしか生まれなかったのだろうか。今となってはアジアと西洋の最大の違いは、気候風土ではなく、近代を生み出し輸出した地域か、それを受け入れるしかなかった地域かの違いだろう。

キリスト教の精神では、「自然」は神さまが人間のためにつくってくれたのだから、人間は自然を自由に利用することができる、という理解が主流であるという。だから歯止めもなく、森林を切り開いたのだ。当然のことながら、自然の破壊も進んでしまった。その分、反省も早かったのだろう。西欧では「自然」を突き放して外からながめ、対象化することができたから、自然を分析する科学も発達した。そこで「自然保護」の運動も生まれた。そこでは人間が手を加えすぎた反省から、「人為を加えない」のが自然にやさしいという理解のしかたになった。これには日本の百姓は同意できなかった。「なにか、この運動は誤解している」と感じた。自然に手を加えて、より一層自然を輝かせている百姓仕事の本質が理解されていないと思われたからだ。しかしその違和感を論理的に表現することはなかった。

ヨーロッパの環境農業政策が、農法の「粗放化」によって、自然を守ろうとしているところに、それはよく現れている。日本とは対照的だ。日本では人間が手を加えれば加えるほど自然は輝く。草切りをこまめにするから、風景は落ち着き、植生は安定する。切っても、切っても夏草は生えてくる。切らないと藪になり、草の種類は単純になり、そこに住む生きものも不安定になっていく。住民は不安になる。ところが、ヨーロッパではわざと手を加えずに、休耕する時は草を生やしたままにしておき、畑でも耕作しない部分を周辺部に残す、というような粗放なやりかたを奨励しているのだ。つまり人間が手を加えすぎて、自然を壊した反省が生きているのだ。これを日本に直輸入して、「低投入」を主張する学者が多いのには、唖然とする。ヨーロッパの場合、農薬や化学肥料だけの低投入にとどまらずに、耕作自体が批判を浴びていることの意味を考えるべきだ。

農薬や化学肥料を散布することは日本においては、むしろ粗放化だと考えていい。百姓のまなざしを深めて、病害虫が大発生しないようにコントロールするのが農法の発達というものだろう。減農薬運動は、安易に農薬を散布する考え方が、百姓の能力を衰えさせることになると批判してきた。安易に化学肥料に頼ることは、土の循環機能を殺していくものだと、批判してきた。安易に水路をコンクリート三面張りにすることは、水路との関係を希薄にして、人間が手を加えるのではなく、手入れしたくないからなのだ。こうした「粗放化」は、日本では近代化と言い換えていい。ヨーロッパ直輸入ではいけないのに、まだまだ政策も科学も物まねが続いている。

ところが西欧のすごいところは、「自然保護」を、自然は人間がカネをつぎ込んでも守らなければならないという思想に育てていったことだ。一方日本では、あいかわらず自然は、当然そこにあるもので、タダであり続けている。自然が荒れるはずだ。つまり社会や技術は近代化されたのに、自然観は「自然」という言葉が生まれる前のままなのだから。

自然をつくるものとしての百姓仕事の再発見

日本でも近代になって「自然」が発見された（意識され、自覚され、対象化された）のなら、どうしてその自然がどういう構造（人間とのかかわり）で形成され、維持されているかを解明しなかったのだろうか。つまりこういうことだ。近代によって、赤トンボは「自然」だと認識されたが、それが百姓仕事によってもたらされることは認識されなかった。ということは、近代は、自然を発見したが、自然を支えている仕事を見失った、とも言えるだろう。このことの意味はとても大きい。とくに農業にとっては、致命的だったのかも知れない。したがって、「自然」はもう一度百姓仕事と共に「再発見」される必要がある、ぼくはそう言いたいのだ。

この「再発見」がなければ、次のような運動は、単に近代化の枠内の改良運動に終わるだろう。これらの運動は当事者が自覚していようといまいと、たしかに近代化批判の試みである。産直、即売所、グリーンツーリズム、農業体験、市民農園、新規参入、デ・カップリング、自然保護、安全な食べものを求める運動、遺伝子組み替え反対運動、有機農業、減農薬運動、ビオトープなどだ。

なぜなら、これらの運動の中に、近代が価値付けに失敗した（カネにならない）ものを表現し、評価して、救抜していく可能性があるからだ。ところが近代の枠組みの中に安住してしまうと、これらの運動も一種のカネ儲けや、道楽や、変わり者の運動に終わってしまう。そうならないように、カネにならない百姓仕事を豊かに表現することで、超えていくのだ。たとえば、グリーンツーリズムの目的は、田舎の自然がカネにならない百姓仕事によって、形成され、維持されていることを実感させることで、経済効率一辺倒の頭を冷やす（いやす）ことだろう。

「二次的自然」の欺瞞

そこで、「原生自然」と「二次的自然」を分ける現在の自然観がおかしいということだけは証明しておかねばならない。この国に二次的自然でないものがどれほどあるだろうか。明治二〇年代までは、「自然環境」を指す言葉が、この国にはなかったことが近代化主義者には信じられないだろう。自然を意識しなかった名残は今でも濃厚に残っている。どう見ても田んぼ（自然ではないよね）がないと生きられない生きものが、「自然の生きもの」だと思われ続けている。赤トンボもメダカも白鳥も彼岸花も、〝自然〟だと今でも思っているのはどうしてか。人為が加わらないと生きられない生きものが「自然」と呼ばれているのはどうしてか。それが、この国の農の本質だからだ。自然は手入れなしには存在し得ない。そういう前近代的な価値観が残っているからだ。

だから、二次的自然などと呼ぶのはやめよう。すべて「自然」だと呼ぼう。それで何の不都合もない。大切なことは一つ、自然と人間の関係が深いか浅いかということだけだ。

田んぼで生まれるものはすべて「自然」、田んぼで産まれるものはすべて「生産」だ。だから田んぼで「自然」は「生産」される。そう表現して何が悪い。

赤トンボを好きなのは日本人だけか

アメリカの赤トンボ

アメリカ合衆国のアーカンソー州の田んぼで、赤トンボを見るとは思わなかった。九月のことだった。人に群がるほどはいなかったが、たしかに薄羽黄トンボだと思った（あとで調べたら、よく似た別種らしい）。ぼくは帰国後の報告書のタイトルを「赤トンボのいない国の稲つくり」と決めていたので、戸惑った。しかし、寂寥とした風景の中の赤トンボは別の世界の生きものだった。あの郷愁にも似た感情とはほど遠いものだった。ただ、そこに飛んでいるというだけの、人間の感情移入を拒否するような印象だった。畦草刈りなどするはずもない国だから、何しろ一五〇ヘクタール以上の家族経営でないと生き残れないのだから、畦草刈りするなら、それだけで一年が終わりそうだ。田んぼに入るには、藪になった畦草をかき分けて入らなければならない。そういう風景の中の赤トンボは、人間と関係が深いわけがないと、感じてしまうのだった。

赤トンボを見てない人たち

タイ国境の雲南省のシーサンパンナの村の上を飛ぶ薄羽黄トンボを眺めながら、不思議な気持ちだった。村人に「あのトンボをどう思っているのか」と尋ねると、「とくに、何とも思わない。あのトンボは年中いるよ」という答えを聞いて、驚いたことがあった。またその後、たびたびカンボジアの村に出かけるようになって、いつも赤トンボを見かける。「この電気も通ってない村から、日本に向けて赤トンボは飛び立つのか」と感傷に浸るぼくに、カンボジア人は「そうか、日本にも同じトンボがいるのか」とは言うが、日本へ飛んでいくことを信じようとはしない。当然のことだろう。カンボジアではトンボのことを「トムロイ」と呼ぶ。この国の赤トンボも群れ飛んでいて、人間に寄ってくるが、ここでもこの赤トンボに「トムロイ」以外の特別の名はない。特別の思いもない。

やはり日本人（もっとも弥生時代に、日本という言葉はなかったから、正確にはずっと日本人だったわけではないが）だけが、赤トンボを好きな人間のようだ。

アメリカ
アーカンソー州で薄羽黄トンボを撮影中の筆者。

3章 百姓仕事は、なぜ表現されていないか

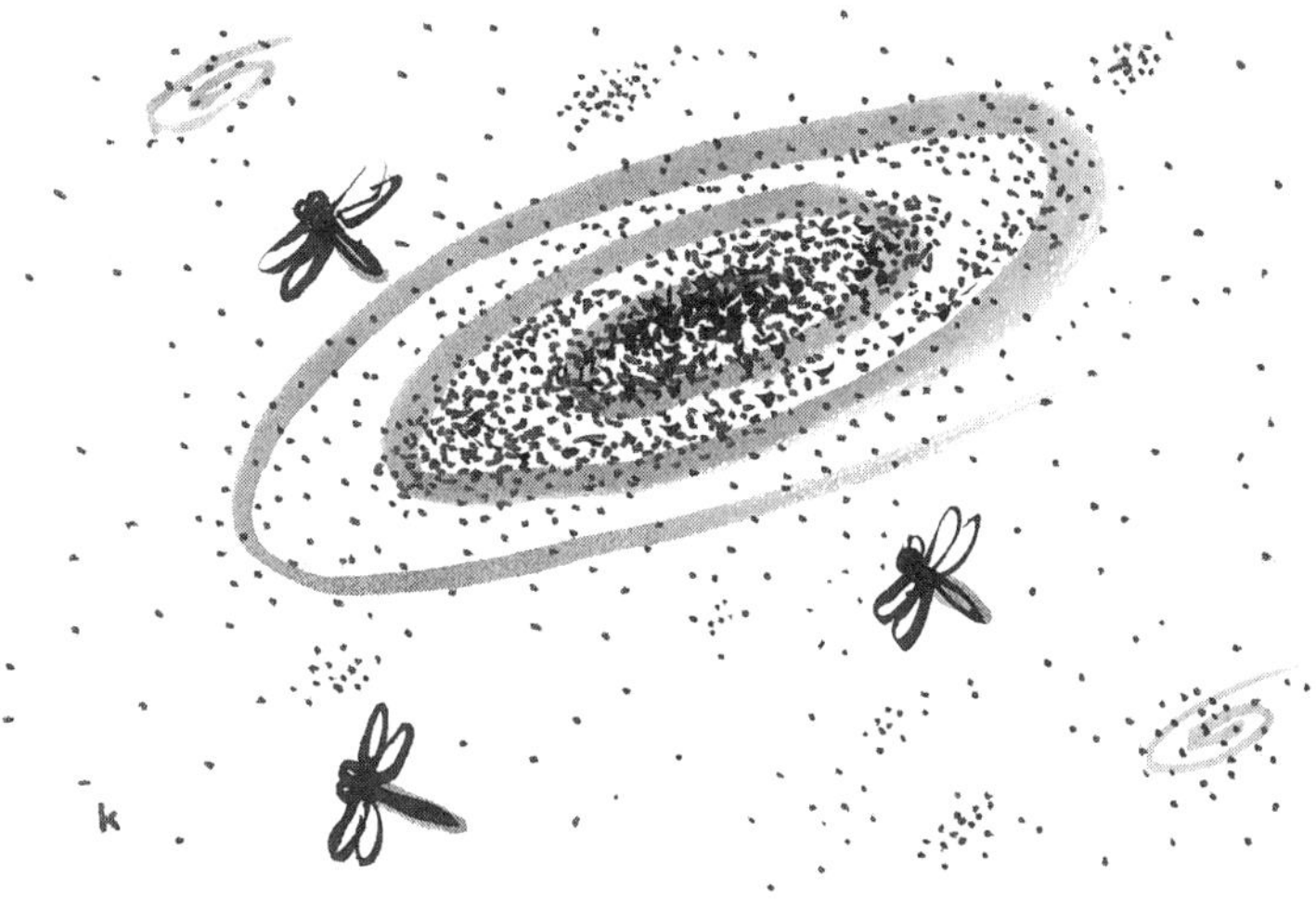

虫見板上に
小さないのちが、ひとつひとつ、
つながってひろがっていた
胸のなかに
田んぼのなかに
ぼくたちは、近代化技術のなかに、
近代化をこえる農具を掘りあてた
虫見板から
宇宙がみえる

赤トンボの出生を知らない百姓

知らないのではなく、知る必要がなかった

赤トンボを、百姓が「ええっ、田んぼで生まれているの？」と知らないのには、ぼくの方が驚いた。精霊トンボ、盆トンボと呼んで大切にしてきたトンボなのに、どこで、どれくらい、生まれているか、どういう価値があるか、なぜ田んぼに多いか、というようなことを考える必要はなかったからだ。そんなことを解明しなくても、何の不都合もなかった時代が続いた。赤トンボは毎年夏になると、変わらずに生まれ、秋までずっと、群れ飛ぶ風景の一部だった。その姿さえ見れば、変わらぬ自然に安心していられた。そこには、人間が赤トンボと同じ世界で生きていたこの国の伝統的な「自然観」があった。赤トンボを外界から観察し、「自然」の一部だとして解説するまなざしは存在しなかった。そう、それでよかった。同じように毎年、自然は変わらずにくりかえされていた時代の名残が、百姓の体にはあった。

しかし、赤トンボがめっきり減り、その価値が認められなくなると、知らないことが赤トンボへの冷たさに思える。戦後の近代化技術は、カネにならないものへのまなざしを、意図的に排除していった。ひたすら収量や、商品価値や、コスト意識が深められ、そのための技術が求められ、赤トンボは単なる風物詩に追いやられていった。

百姓の青年に「赤トンボが田んぼで生まれていることを知っていたか」と尋ねたら、意外にも二割弱が知っていた。あえて「あなたたちと違って、爺さん婆さんは、さすがに五割近くは知ってたぞ」と言うと、異口同音に「そんなはずはない」と信用しない。なぜなら、爺さん婆さんから「赤トンボが田んぼで生まれる、なんて聞いたことがない」と言うのだ。あらためて、年寄りたちに聞いてみた。「誰かに、語ったことがありますか」と。答えは「話すはずがない」というものだった。

放っておいても、赤トンボが生まれ続けるのなら、知らなくてもいいだろう。日本の文化が一つ滅ぶだけの話だからだ。その程度の国に成り下がっただけのことだ。ところが、ぼくはそれが耐えられないのだ。「自然」の大切さを懸命に叫ぶ人たちが、一方で食料輸入を目の前にして反対を叫ばないのは、どう見ても矛盾ではないか。しかし、本人たちはその矛盾に気づかない。その程度の「自然観」ではまずいことになるのではないかと、憂鬱になるのだ。

そういう無知があったとしても、赤トンボの命が百姓仕事によって支えられていることは、まぎれもない事実なのだ。そのことを今まで誰も聞こうとしなかったから、百姓も語ろうとしなかったのだ。

表3-1 赤トンボが田んぼで生まれていることを知っていたかの調査

（1995年、前原市）

No.	回答	74歳	21歳
①	今日はじめて知った	43％	46％
②	以前何かで聞いたことがある。読んだことがある	11％	35％
③	百姓していたから、田んぼで見て気づいていた	46％	19％

赤トンボを忘れていった

防除技術として、田んぼに農薬が散布され始めたのは、一九五〇年頃からである。除草剤とは異なり、殺虫剤、殺菌剤は急速に普及していった。一九五〇年代には農薬散布後の田んぼに赤い札が立てられ、子どもは近寄ってはならないと怒られたものだった。それほど毒性の強い農薬が使用されていたのだ。とくに、一九六〇年頃から使用された除草剤のＰＣＰはきわめて魚毒性の強い農薬で、多くの水の中の生きものが死に、田んぼに浮かんでいたものだった。百姓はいやな感じを誰もが抱いた。でも、「増産」の呼び声は全国に鳴り響いていたのだ。これはきちんと指摘しておかねばならないことだが、病害虫の防除は戦前から一貫して、お上の指導によって推進され続けた体質があった。こうして環境への配慮など眼中にない技術が、行政主導で推進されたのだ。

今では信じられないが、朝日新聞社の主催で行われた「米作日本一」表彰事業は、全国の集落から、市町村代表へ、そして県代表へ勝ち残り、全国一が決まったのである。全国一になると、その百姓の田んぼには視察者が殺到し、畦には草も生えないといわれたものだった。実際にそうだったらしい。米の一〇アールあたりの収量という尺度がいかに有効に働いたかの見本だ。米の収穫をあげるためには、農薬の多投はむしろ奨励されたのだった。「熱心な百姓ほど農薬をよく使う」という現象は、減農薬運動以前は、全国どこに行っても当たりまえだった。未だに、百姓は米が「何俵、穫れたか」だけで、その人の技術を評価してしまう。

ぼくたちは知らず知らずのうちに洗脳されている。ほとんどの人間は「多収」は人間の本能みたいに思いこんでいる。そうだろうか。近代化される前はそうではなかったのだ。アフリカのある部族の話だが、木製の鍬が鉄の鍬に置き換わって、畑を耕す時間が半分で済むようになったそうだ。ぼくたちならすぐ面積を二倍に増やすことを考える。これが近代化精神だ。ところがその部族は、その余った時間を旅や、祭りの充実にあてたと言うのだ（山内昶『経済人類学への招待』ちくま新書、一九九四年より）。もちろんそれだけの面積で満ち足りていたのだろう。ところが、戦後の日本では、日本一の多収など達成しなくても、その家族は満ち足りていたのに、新たに国民国家の食糧不足という目的を提示することで、「満ち足りていない状況」をすべての百姓の頭の中につくりあげたと言うべきだろう。現在でも、「日本の農業は国民に安定して食料を供給すること」という命題を、ほと

農薬散布
農薬が好きで散布する百姓はいなかった。

んどの百姓や農政者や農学者は信じ込んでいる。そうした近代化思想から自由になれないから、カネにならない環境を大事にするまなざしが育ちにくいのだ。

環境が評価の尺度になる日は来るのだろうか。今度は「田んぼの環境日本一」コンクールが始まるだろうか。そんな日は、来るはずはないだろう。自然環境はこうした全国一律の評価基準を設定することになじまないからだ。たとえば「赤トンボの数」コンクールなどというものを開催することはできるが、その日本一にどういう意味があるか、現代のぼくたちはつきはなして考えることができる。価値がないとは言わない。でもそれは環境の一つの局面にすぎない。

農業と赤トンボ

ここまでは意図的に、圧倒的に群れ飛ぶ赤トンボ（薄羽黄トンボ、秋アカネ）に話を絞ってきたが、他の赤トンボも紹介しておいた方がいいだろう。

赤トンボの種類

図鑑を開くと、よく「主に平地や丘陵地の池沼や水田・溝川などに生息する」というような説明が多い。仮に田んぼでの生息数が圧倒的多数でも、これではわからない。それはしかたがないことなのだ。田んぼの調査はほとんどなされてこなかったから。今後の百姓や市民の観察に期待したい。

ここでは、薄羽黄トンボ、秋アカネ以外の、田んぼやその横の水路で育つ赤トンボを紹介しよう。

1　夏アカネ：九月下旬から一〇月になると熟れた稲田の上を連結しながら、空中で卵をばらまいている。前のオスは真っ赤になっているが、後ろのメスはだいだい色。秋アカネによく似ているが、少し小型かな。田んぼで生まれた後は、周辺の林の中で暮らしていて目立たない。秋になって、産卵のためにまた田んぼに現れるのだ。

2　ノシメトンボ：羽の先が黒いのでよくわかる。細身のやや大型のトンボ。成熟するとオスは赤くなるが、メスは赤くならない。連結して秋の田んぼの稲穂の上を飛びながら、卵を振りまく。田んぼで生まれた後は、付近の山にのぼり、林の中で過ごす。

3　小ノシメトンボ：ノシメトンボによく似て羽の先が黒いが、やや小さい。生態はノシメトンボによく似ているが、連結して稲刈り後の田んぼの水たまりに産卵する。

4　猩々《しょうじょう》トンボ：誰でも見間違えることがないだろう。オスは実に全身が真っ赤なトンボだ。メスはくすんだオレンジ色だ。尻尾は平たく幅が広い。一匹でぽつんと稲にとまっている。

5　眉立アカネ：このトンボを真正面から見ると、顔面に眉に似た模様があることから名付けられた。羽には模様はない。田んぼで羽化した後、木陰を好むので、林の中で過ごし、秋になるとオスだけが赤くなり、稲刈り後の田んぼの水たまりで産卵する。『日本トンボ図鑑』によると、この国に田んぼがなかった時代には、この赤トンボが一番多かっただろうと考えられると言う。

6　深山アカネ：ミヤマと言っても深山ではなく、山麓部の田んぼに多い。羽の途中が帯状に黒くなっている赤トンボなのですぐわかる。秋になるとオスだけが真っ赤になる。連結して飛び、稲刈り後の田んぼの水たまりや湿った土に産卵する。

次に、田んぼにはあまりいないが、他のところで見かける赤トンボを紹介する。

7　姫アカネ：小さく可愛いから姫アカネという名がついたようだ。成熟するとオスは尻尾だけが真っ赤になる。湿地や休耕田で生まれた後は、林に多い。水際の土の中にメスが単独で産卵する。連結産卵もする。

8　舞妓アカネ：成熟したオスの顔面が青白色なので、京の舞妓のうなじにたとえた名だと言う。眉立アカネ、姫アカネによく似ているが、顔面の色や胸の模様で区別する。とくに成熟したオスは顔面が白く、尻尾が鮮やかな赤になる。ため池で生まれた後は、林地に移動する。池の水際の湿った土に、連結して打水・打泥産卵する。

9　リスアカネ：羽の先が黒い。成熟するとオスだけが尻尾が真っ赤になる。山麓地のため池で生まれた後は、林の中で過ごす。水際の湿った土の上に、連結して空中から産卵する。スイスの学者であるリス氏に献呈された名前だそうだ。

10　ネキトンボ：成熟するとオスは全身が鮮やかな赤色になる。山麓地のため池に多い。池で生まれた後は林で生活する。羽の根（基部）が黄色いという意味だが、こんなに真っ赤なトンボを黄トンボとはおかしい気がする。浮葉植物が多いため池の上を、連結しながらあるいはメス単独で打

表3-2　田んぼの主なトンボ

No.	名　前	分　類	越冬形態	産卵場所	生息場所	特　徴
1	薄羽黄トンボ	黄トンボ	本土では越冬できない	水田	水田、畑、河原、山地	東南アジアから飛んで来て産卵する
2	秋アカネ	赤トンボ	卵	水田	水田、山地	水田で卵のまま越冬
3	夏アカネ	赤トンボ	卵	水田	水田	秋の稲の上から産卵
4	ノシメトンボ	赤トンボ	卵	水田、池	水田	羽の先が黒い
5	小ノシメトンボ	赤トンボ	卵	水田、池	水田	羽の先が黒い
6	猩々トンボ	赤トンボ	幼虫	水田、水路	水田	真っ赤なトンボ
7	眉立アカネ	赤トンボ	卵	水田、水路	水田	羽化直後は雑木林で過ごす
8	深山アカネ	赤トンボ	卵	水田、水路	水田	稲の株間で打水産卵
9	モートン糸トンボ	糸トンボ	幼虫	水田、湿地	水田	稲や田の草に産卵
10	黄糸トンボ	糸トンボ	幼虫	水田、池	水田	稲や田の草に産卵
11	アジア糸トンボ	糸トンボ	幼虫	水田、池	水田	稲や田の草に産卵
12	青紋糸トンボ	糸トンボ	幼虫	水田、池	水田	稲や田の草に産卵
13	塩辛トンボ		幼虫	水田、水路	水田	幼虫で越冬
14	シオヤトンボ			水田、湿地	水田	シオカラトンボ似で小型
15	蚊取りヤンマ	ヤンマ	卵	水田、池	水田	夕暮れに庭先を群れ飛ぶ
16	銀ヤンマ	ヤンマ	幼虫	池	水田、池、林	おとりで捕まえる
17	羽黒トンボ	川トンボ	幼虫	水路	水路、川	きれいな川の指標

表3-3　田んぼ以外の赤トンボ

No.	名　前	分類	越冬形態	産卵場所	生息場所	特　徴
1	姫アカネ	赤トンボ	卵	湿地、休耕田	湿地、休耕田、林	
2	舞妓アカネ	赤トンボ	卵	ため池	池、林	顔が白い
3	リスアカネ	赤トンボ	卵	ため池	池、林	羽の先が黒い
4	ネキトンボ	赤トンボ	卵	ため池	池、林	

表3-4　赤トンボの見分け方

羽の模様	羽の図	名　前	胸の模様
模様がない		秋アカネ	あり
		夏アカネ	あり
		姫アカネ	細い
		舞妓アカネ	細い
		眉立アカネ	細い
		薄羽黄トンボ	ない
縞模様がある		深山アカネ	ない
羽の先が黒い		ノシメトンボ	あり
		小ノシメトンボ	あり
		眉立アカネ	あり
		リスアカネ	あり
羽の根元が赤い		猩々トンボ	真っ赤なだけ
		ネキトンボ	赤いが黒スジ

水産卵する。

赤トンボの産卵

秋アカネは秋になると、よく連結して飛んでいる。真っ赤な方がオスで、前の方だ。メスの尻尾の先は田んぼの土や水たまりに産卵しないといけないから、空いているが、オスの尻尾の先はメスの頭の後ろをしっかりつかんでいる。メスを守るためだ。しかし、そうするとどうやって交尾、受精は行われるのだろうか。じつはこれが不思議な現象なのだ。オスは連結すると、自分の尻尾の先から精子を、尻尾の根元の副性器に移す。そこでメスが尻尾の先の性器をオスの腹部の副性器にあてて、ハートの形になるのだ。これが交尾している姿で、連結しているのは交尾ではない。この姿を『日本書紀』で神武天皇は「赤トンボがとなめ(交尾)しているようだ」と表現したというわけだ。

今になって考えると、少年の頃、銀ヤンマのメスの胴体を糸で縛って、糸を伸ばし、さらに一メートルぐらいの竿の先に糸の根元をくくりつけて、空に飛ばしていた。するとオスがやってきて、尻尾の先でメスをつかまえる。そこで竿を地面におろして、近づいてオスをつかまえていたものだ。オスが逃げないのは簡単に連結がはずれないためだった。

赤トンボの種類の多くは連結したまま産卵する（離れて産卵するときもある）。薄羽黄トンボも連結したまま（あるいはメスだけで）尻尾の先を田んぼの水につけて卵を産んで回っている。

虫見板が百姓仕事の見方を変えた

「虫見板《むしみばん》」による発見

ぼくが百姓仕事の語り方を、全面的に換えようと思うようになったきっかけについて語ろう。ぼくが「自然環境」を農の柱に据える理論構築に至った道すじを語ろう。それは「減農薬運動」を、一九七八年に提唱したときから始まった。とくに「虫見板」によって、ぼくは目を開かされていった。

「虫見板」には誰もが驚き、感心する。この農具によって、「減農薬運動」は、理念ではなく、農業技術として、全国に広がっていった。虫見板は、農薬を散布すべきかどうかを、百姓自らが確かめるための農具として、一九七九年に福岡県の百姓篠原正昭さんによって発明され、ぼくが改良し命名した。ところがそれが百姓によって使われ始めると、多くの発見と言葉をもたらし、農薬散布一辺倒の戦後の近代化技術に大きな風穴を開けることになる。減農薬運動が幅の広い、奥の深い運動に育っていったのは、この新しい農具によるといってもいい。ここでは虫見板がもたらした発見の意味を考えてみよう。

①虫たちの発見

長い間、百姓と虫たちの関係は薄れ、冷め切ってしまっていた。ぼくは百姓が害虫の名前を知ら

夏アカネ
オスと雌がつながって、空中から田んぼに産卵している。

虫見板
稲の株の根元に虫見板をあてて、反対側から叩くと虫が落ちる。

ないのに驚いた。「虫たちの名前を習ったことはなかったんですか」と尋ねると、そうだと答える。そう言われてみると、ぼくだって農業改良普及員という「百姓の指導員」として仕事をしてきたが、虫の見方の研修を受けたことは一度としてなかった。全部独学だ。百姓が虫の名前を、ましてや益虫の名前を知らないのは無理もない。そういう勉強はしなくてもいいですよ、農薬の散布時期は指示しますから、というしくみがこの国の「病害虫防除事業」のサービスだった。多くの技術が親から受け継がれるのに、虫の見方が百姓の後継者に伝えられることはなかった。

②田んぼの個性の発見

減農薬に取り組み始めた百姓たちは、虫見板を片手に他の百姓の田まで入って、虫を見るようになった。そうすると「どうして田によって、こんなに虫が違うんだ」とみんなが驚いた。畦一本隔てているだけなのに、田ごとに虫の種類も密度も異なるのが不思議に思えたのだ。そんなことは、少し考えればあたりまえのことなのに、指導員から指示される共同防除・一斉防除の技術体系にどっぷり浸かってきた身には、新鮮に感じられたのだった。しかもそれまで、こうした虫たちをつぶさに観察する道具も機会もなかったのだから、無理もない。

③防除技術が科学的でないことの発見

この発見は、農業指導に大きな疑問を提起することになる。田ごとに防除すべきか、必要がないかの判断は違うのに、どうして一斉に、地域全体に農薬散布を指導しなければならないのか、深刻な反省を強いることになった。ぼくは非科学的だからいけないと言っているのではない。農薬散布がいかにも科学的な手段のように装いながら、その根拠は科学とはほど遠いいい加減な根拠であることが、許せないと言うのだ。全部の田一枚一枚でそれを判断するのは、普及員や営農指導員には不可能だ。その田を耕作する百姓が判断するしかないのに、その支援を放棄してきた体質は厳しく批判されなければならない。未だに非科学的な航空防除を続けている根拠が「百姓は判断する余裕と能力がない」というのだから、開いた口がふさがらない。百姓を馬鹿にするにもほどがある。たしかに「その方が、楽だから」という百姓がいることも知っている。でもそうした百姓にしてしまったのは、田んぼの個性と百姓の個性を無視した近代化技術であったことは、確認しておきたい。

　だから田んぼの個性の発見は、技術を担う百姓の「主体」の発見でもあった。

糸トンボ

糸トンボは、稲の間も上手に飛びまわる狩りの名人。

害虫と益虫の関係が見えてきた

④害虫と益虫の発見

それまで害虫は怖いものだった。どんどん増えていくあの被害を受けたときの記憶がいつもよみがえってくる。ところが虫見板を使い、防除すべきかしなくてもいいかと迷ったときには、必ず防除をひかえるようになった。「様子を見る」ようになった。そうすると害虫が、日に日に減っていくのを目撃できた。虫見板の上で、クモにくわえられたウンカを見るのは日常茶飯事になった。またウンカ糸片虫やカマ蜂の幼虫が、寄生したウンカの腹の中から出てくるのを見るたびに、益虫が多ければ害虫も増殖できないんだ、と実感できたのだった。ここに至って、はじめて害虫も発見されたのだと思う。農薬を散布してしまえば、害虫と益虫の関係は見えるはずがない。虫見板は「様子を見る」という新

クモ
ツマグロヨコバイをつかまえた子守グモ。

しい姿勢を近代的防除に持ち込んだ。これは画期的なことだった。

「以前は、クモは害虫だと思って、手でつぶしていました」という百姓の後悔は、指導員としてのぼくの痛恨でもあった。防除要否が田ごとに異ならねばならぬのは、こうした益虫をはじめとする田の中の多様性の反映であることが、はじめて見えてきたのだった。

害虫もいるほうがいい

⑤共生の発見

さらにへたな農薬散布が、かえって害虫を増やす現象（これをリサージェンスと言う）を目のあたりにすると、一挙に虫たちの豊かな世界が、押し寄せてきたのだった。害虫と益虫の関係にまで、まなざしが及ぶようになると、百姓は、そもそも害虫・益虫という分類すらがおかしいと気づくことになる。とうとう「害虫がいなければ、益虫も困る」という認識にたどり着くのだ。ウンカが飛んでこない夏は両手をあげて喜んでいた百姓が、「少しは来てくれよ」とつぶやくようになる。なぜなら中国から飛んでくるウンカを首を長くして待っている天敵たちが、田んぼにはいっぱいいることを知っているからだ。

⑥生物多様性の実感

益虫の発見によって虫たちの「多様性」は、積極的に肯定されることとなる。いろんな種類の益虫がいっぱいいれば、害虫だっていた方がいい。いないといけないと感じ始めたとき、いままでの防除・駆除・排除の技術思想は大転換することになる。戦後の農業技術が、まったく歯が立たなかった「生物多様性」という概念をはじめて、百姓は自分のてのひらに乗せることに成功したのだった。「田んぼにはいろんな生きものがいた方がいい」というのが生物多様性の実感だった。このときの百姓の感激はぼくと日鷹一雅（現在愛媛大学）に伝染し、『田の虫図鑑』（農文協、一九八九年）という新しいスタイルの図鑑の製作を決意させてくれた。この図鑑は、防除や駆除や排除を脱却するために、生きものの世界の豊かさを全面的に展開している。ところが生物多様性の発見は、まだまだ続くのだった。

⑦減農薬技術の発見

かつて「減農薬から無農薬に到達するのは無理だ。無農薬は崖から飛び降りるように、決断するしかないのだ」という減農薬批判があった。自分がそういう経験をしたから、すべてにあてはめようとする気持ちはよくわかる。ただし、こうして経験を振り回すから、経験に対する不信感を増し、対照的に普遍的な装いをした科学の横行を許すことになった歴史を、ぼくは知っていたから、「それは、現時点で減農薬から無農薬に至る技術が未形成だからであって、そういう技術を形成しようという運動に対して向けるべき批判ではないだろう」と反論してきた。その後、次々に無農薬に至る減農薬技術が確立されることによって、この論争にケリはついた。

つまり、育苗法や田植え法や施肥法や水管理などの、百姓の手入れの差異によって、虫や病気の発生も異なることが虫見板での観察でわかってきたのだ。そうなると、自ずと「減農薬技術」というものが形成されてくる。そうしてさらに深まれば、無農薬に至るだけのことだ。くどいようだが、そうした技術を形成していくのは、農薬を減らそうとする百姓の姿勢が根底にあっての話だ。技術だけが百姓不在のまま深化するわけではない。

「ただの虫」の大発見

⑧ただの虫の発見

やがて、百姓も虫見板の上で、害虫でもない益虫でもない虫たちが見え始めた。もちろん最初からいたのだが、害虫や益虫に目が行っていて、関心が向いていなかったのだ。虫たちの名を一通り覚えて、その性質もわかってくると、いままで気にしていなかった害虫でもない、益虫でもない虫たちの存在が気になりだしてきた。生産の役にも立たず、かといって害にもならない虫たちが、じつは一番多いことに百姓は気づいた。ぼくも名前を尋ねられるたびに「ぼくも知らない虫だから、ただの虫ですよ」と答えていた。百姓たちは「ただの虫らしいよ」とささやきながら、いつの間にか害虫でもない、益虫でもない虫は「ただの虫」と呼ばれるようになっていった。

でも、いったい何のためにただの虫は、田んぼで生きているのだろうか、と百姓は疑問に思い始めた。そしてただの虫が、益虫の餌にもなっていて、田の中をにぎわせ、安定させているのではなかろうか、と考えるようになったときに、またまた深く「生物多様性」の価値が認識できたのだった。「ただの虫」という言葉と概念は『田の虫図鑑』にはじめて掲載された。

⑨「自然」の発見

そしてとうとう、自然が農業技術の中から発見される。「ただの虫」の存在が大切なものだとわかるようになって、突然のように「自然」が発見されたのだ。そういえば、メダカもドジョウもホタルもタニシもゲンゴロウも、益にも害にもならない「ただの虫」だけれど、どうしてぼくたちは好きなんだろうか。どうしてぼくたちは、これらの田んぼの生きものを、百姓仕事が育てた生きものを、「自然」の生きものだと思って育ってきたのだろう、と思ったとき、生産に寄与しないもう一つの農業世界の豊かさが見えてきたのだった。それが自然の豊かさだったのだ。

メダカやホタルがいない川よりいる川のほうが、蛙やトンボがいない野辺よりいっぱいいる野辺のほうが、自然に恵まれている、自然が豊かだと感じる感性がよみがえってきたのだ。ここに来て「生き物の多様性」は、はじめて、人間が生きていく環境の価値として、百姓によってとらえられたのだった。この発見がぼくにとっては、人生最大の発見だった。

虫見板の使用がなければ、未だに田んぼの中の生きものの多様性は発見されることなく、眠り続けているのかもしれない。

減農薬運動とは何だったのか

⑩「減農薬」の意味の発見

減農薬運動のすごいところは、虫見板で見て判断できない時は、「様子を見る」というところにあることは前に書いた。害虫が多いと思えば、防除する、少ないと思えば、防除しない、と言ってしまえば簡単だ。ところが最初はどうしても、どう判断していいか迷うときが多いのだ。それまで農協や普及センターの「指導」や「指示」に従って農薬を散布してきたのだから、自分で判断することは簡単ではない。こうした迷うという事態こそが、百姓が主体を取り戻した証拠なのだが、ここで「減農薬」という考えが土台にあるからこそ、「様子を見る」のである。

ただ単に、防除の判断を客観的に行う、というような試みでは断じてない、ことが理解してもらえるだろうか。この国でＩＰＭ（Integrated Pest Management：総合防除）という考え方が研究者から提案されながら、広がらなかったのはどうしてだったろうか。それは農具としての「虫見板」と、思想としての「減農薬」が付随していなかったからだ。東南アジアみたいに、農薬を使い始めた国では、中立的な考え方も通用するかも知れないが、農薬を多投し続けた国にあっては、とにかく農薬を減らすんだ、という考えを土台にするしかない。ぼくの師である桐谷圭治さんはそのことがよくわかっていた。ぼくは「総合防除」という思想を彼から学びながらも、「総合防除」という言葉ではなく、彼の造語である「減農薬」という言葉を使うことにした理由がここにある。

それはこういうことだ。防除手段が農薬でないときはいいが、農薬の場合は、「試しに、ちょっと散布してみる」ことをやるべきではないと考えたからだ。これが「水を減らす」とか「肥料をひかえる」という手段なら、そんなに躊躇する必要はないだろう。ところが農薬の場合は（それが天然物質だとしても）積極的になってはいけないのだ。それが「農薬公害」の最大の教訓であったはずだ。その後一九七六年に、国に一三年も先がけて、ダイオキシン含有除草剤ＣＮＰ（ＭＯ、サターンなど）を福岡市の百姓とともに追放するときにも、貫いた精神だった。

せまい生産至上主義はいつから始まったか

ドジョウ、ナマズ、タニシを食べていた

田んぼで生産されているのは、米だけだと思うようになったのはごく最近のことだ。カネになろうとなるまいと、食べられ、利用されていた「生産物」の代表的なものをリストアップしておこうか。

①ドジョウは田んぼで産卵し、水路に戻り冬を越す。秋になり水路の水がなくなり始めると、上流めがけてさかのぼる。そこを竹製のウケで待ちかまえて捕獲する。うんざりするほどドジョウ汁を食べたのは昭和五〇年代の前半までだった。フナやナマズやコイ、ウナギも田んぼの生産物だった。

②メダカを食べる地方もある。長野県や新潟県ではよく食べるそうだ。メダカが絶滅危惧種に指定されている地方もある。岡山市などにのこる天然記念物のアユモドキも田植え後の田んぼに産卵のために上ってくる。

③タニシは田んぼに多い貝でコリコリしておいしい。シジミは田んぼの用水路に多く、シジミ汁はよく食べる。カワニナは巻き貝でこれも食用になっていた。

④スズメは田んぼがないと生きられない。稲刈り前に、村中が総出で、スズメを追いつめて捕る地域は珍しくなかった。焼き鳥にして食べたのだ。過疎化で村全体が離村して、田んぼが耕作されなくなると、スズメもいなくなる。冬の渡り鳥の多くが田んぼの落ち穂やひこばえ、草のタネを食べる。それを人間が食べていた。鴨が代表だ。

⑤イナゴはいまでも佃煮で売られている。バイクの荷台から捕虫網を横につきだして、畦道を走るとよく捕れると、岩手の百姓が言っていた。

⑥春の七草は、皆田んぼの中や畦の草ばかり

レンゲ田
レンゲは百姓がタネをまいて育てたものだ。

だ。セリ、ナズナ、ハハコグサ（おぎょう）、ハコベ（はこべら）、コオニタビラコ（ほとけのざ）、ヨメナ（すずな）、ノビル（すずしろ）がそうだ（ぼくは、すずな＝カブ、すずしろ＝大根説をとらない）。

また畦のツクシは、春を呼ぶ食べものとして、尊重されてきた。

他にも畦草で、食べられるものは、アザミ、イタドリ、桑、スイバ、チガヤ、ツワブキ、フキ、ヨモギなどがある。

⑦レンゲは田の緑肥として、地力を高めるために百姓がタネをまいたものだ。それが自生している場合も多い。そこにやってくるミツバチによって、レンゲの蜂蜜が集められる。

⑧夏の畦草は、貴重な家畜の飼料だった。畦の面積は水田面積の六％ぐらいだ。それほどの広大な「草地」がこの国にはあって、かつてそれぞれの家に数頭いた牛などの家畜をまかない、有畜複合経営という循環型の農業を支えていた。

食べられない生産物

さて食べられる生産物だけを取りあげたが、次に食べられない生産物を拾い上げてみようか。

①生きもの：ゲンゴロウ、ガムシ、ミズスマシ、タイコウチ、タガメ、水カマキリなどの生きものは田んぼやため池あるいは里山を行き来する生きもので、もちろん田んぼがないと生きられない（ゲンゴロウは食べていた地域もあったらしいが）。

②風景：棚田の風景はいかにも自然と人間の共生を実感させる。青々とした田園の風景をすがすがしいと感じる感性はつくられたものだろう。

③野の花：畦や田の中に咲き乱れる野の花は、山野の花とは種類が異なる。春になり、花摘みに出かけたのは、田の畦道が多かったろう。アザミ、ジシバリ、狐のボタン、キランソウ、蛇イチゴ、鬼タビラコ、トキワハゼ。これらの草花も百姓仕事の成果なのだ。

④涼しい風：田んぼから吹いてくる風の涼しさは、その香りと色に特徴がある。真夏に田の中を通るとき、自然に抱かれる人間の存在を自覚しないだろうか。

⑤祭り：自然のめぐみを活かして引き出す仕事に魂を与える祭りこそが、人間の最大の発明だったのではないかと思うほどだ。正月に祖霊（カミ）を迎える目印はしめ縄であり、そのカミが宿るのが鏡餅で、人間の魂を蘇生させるために餅を食べる習俗は、稲作が生み出した文化でもある。

⑥美意識：田んぼの風景は「自然」のように映る。そういう感性を育ててきたのだ。人間がもともとの自然を改造したのだけれども、「遷移」することなく、毎年同じようにくり返すことが自然であった。そういうものに安心して浸ることができた。そういうものを美しいと感じるようになった。

⑦色彩感覚：赤と黒と青という言葉の語源は土から出てきた。黒い土、赤い土、藍が染料として使われたからだ。

⑧水の国：こんなに急峻な地形が多い国なのに、実に水辺が多い。延々と水路が引かれ、その水

は田んぼのためだけに使われたのではない。飲用として、洗濯水として、灌漑水として使われ、水辺で子どもは遊び、大人は憩った。

⑨染料：藍も紅花も田畑で栽培された。茜も畦に多いし、いまでは畦に残るカラムシも木綿以前の代表的繊維であり、かつては衣服の原料として利用されていた。

稲作中心主義批判へ応える

最近稲作中心史観への批判が相次いでいる。たとえば、「日本は古来から瑞穂の国と言うが、田んぼだけでなく畑も山も川も海も生産の場だったのに、見落としてきたのは稲中心の見方が続いてきたからだ」とか「米が主食だとばかり言って、米以外の食べものの豊かさを忘れていたから、いつの間にか米以外は外国産に置き換えられてしまったじゃないか」とか「米だけを腹一杯食べられるようになったのは、昭和四〇年代以降ではないか。戦前までは米以外のものをちゃんと食生活に位置づけていたんだ」というものだ。

たしかにこの国の人間は、稲だけでなく多様な作物や海や山の幸を得て暮らしてきた。そのことをとくに戦後、軽視してきたのは事実だ。また「米」を中心に物事を表現してきたのは、これがタテマエとしての税の柱であって、実際には米以外の税も多かったのに軽視してきたツケでもある。また米をことさらに日本人の「主食」だと言いつのってきたのは、戦後のカネで幸福をはかる近代化政策の推進に必要だったことも事実だ。たしかに、田畑は食用作物だけでなく、棉や藍、桑や紅花などの工芸作物も大いに生産されていた。百姓も農業だけでなく、多様な技をもってくらしていた。さらに田んぼは生きものをはじめとして、豊かなカネにならない「自然」を生産してきたことはまったく語られなかった。

こうした批判のほとんどに賛意を示すのは、そういう批判によって、ほんとうの稲作の姿がはっきりすると思うからだ。だから否定すべきは稲作の語り方であって、稲作自体ではない。稲作自体まで否定するなら、畑作の豊かさも、林業の豊かさも否定することになる。つまり、批判されるべきは、稲作の極めて一面的な表現、評価にある。稲作を米の生産高だけで、分析、研究、表現、評価してきた日本の近代的な学問と政策にある。

くり返すなら、田んぼの生産物は「米」だけではなく、自然環境も祭りも美意識も生産してきた。そしてそれは他の作物や、他の仕事や、他の地域を排除するものではなかった。むしろ、最も批判すべきは、現在でも続いている価値観だ。農業を、生み出すカネの多さで評価するカネ中心の農業観だ。稲作に限らず、すべての局面でいよいよ力を増している経済一辺倒の評価基準だ。その根源は、「米」だけで田んぼや稲作を見る「稲作中心観」にあるというのなら、大賛成だ。しかし、それを克服していくには、田んぼの豊かさを深く、再評価していくことがなければならないと、強調もしたいのだ。

百姓仕事の誤ったイメージ

除草は苦役だったのか

百姓仕事はきつく、大変だというイメージは今でも続いている。しかし「こんなに苦労して、国民の食べものは、生産されているのです」という言い分では、食べものを粗末にするなというメッセージも伝わらなければ、百姓仕事への尊敬も形成できないだろう。なぜなら、この国の近代化社会は、肉体的に快適な労働を追求してきて、それを手に入れようとしているのだ。それは、当然のことながら、肉体的に苦労する労働への嫌悪感を育ててしまうのは、しかたがないだろう。もはや、苦労を売り物にすることは、食べものの価値を高めはしないのだ。どうして、その技能の高さを誉める言い方をしないのか、奇妙なことだと言うしかない。

小学校に田んぼの話をするために出かけることが多くなったが、子どもたちの質問の中で、圧倒的に多いのは「お百姓さんは、どんな苦労をしてますか」というものだ。そんな教育を受けているのだ。そりゃあ、百姓は答えるのに苦労はしないだろう。百姓は苦労話を好むようになってしまった。しかし、どうしてこういう類型的な思考パターンになってしまったのだろう。その原因を探ってみよう。今でもよく語られている言い分に、「除草剤によって、真夏の炎天下の手取り除草という苦役から、農家は解放された」というのがある。多くの百姓の同意が得られそうな気がするが、ここには重大なペテンがある。こういう言い方は、一つのつくられた物語だ。一つの時代精神によってつくられたもっともらしい作り話だ。このことを証明しておこう。

一九七〇年以降、除草剤を正当化するために、夏の炎天下のきつい仕事を「苦役」つまり非人間的な仕事だったと決めつける論調が増えていく。もちろん熊手のような道具「雁爪」で土を反転させていく除草作業は「雁爪打ち」と呼ばれ、重労働だったらしい。しかも朝夕ではなく夏の炎天下、落水してやるのがいいとされてきた。しかし昭和になると手押しの回転除草機がほとんどの村に普及して、ずいぶん労働は軽くなっていた。ところが「苦役」だと主張する言説は、回転除草機以前（大正時代まで）の除草を語っている場合が多い。

それでも手取り除草はきつい仕事だった。ぼ

除草機
近代化精神は、この除草の仕事を遅れているとしか見ない。

くも三五アールを手取りしているが、七日かかる。しかし、百姓仕事はそういうものだった。決して肉体労働が三Kなどと呼ばれ、嫌悪されていた時代のことではない。家族の労働力も多く、田んぼも小規模で、ゆっくり生活できた時代だったことを忘れてはならない。その後、農薬中毒を苦にして、自殺する百姓が増えたが、当時除草を苦にして自殺する百姓はいなかったことに注目してほしい。すべての百姓によって、除草剤を使わないさまざまな工夫が行われていたのにもかかわらず、記録されることもなく、除草剤の登場で、みんなの目はそちらに移っていった。

除草剤は今でもひたすら、散布の手間を省くことに血眼になっている。三キログラム剤より一キログラム剤、粒剤よりジャンボ剤といった塩梅だ。労働時間が短い方がいいというのは、近代化精神に過ぎない。薄っぺらな労働観に過ぎない。これでは肉体労働への蔑視が育つはずである。

良心的な百姓の味方の過ち

ある新聞のコラムから引用する。「百姓の仕事に楽なものはないが、なかんずく腰をかがめて炎天の田を這い回る田草取りはきつい」「太陽に背をあぶられ、沸き立つ水にうだって、田を這い、田泥を掻き続けるのは、まさに苦役だった。」筆者はぼくの敬愛する百姓詩人だ。しかし、ことさらに草取りを苦役に仕立て上げる感性には異議を申し立てたい。しかしこれは彼に限らず、良心的な「農民解放論者」に共通する近代化精神なのだ。

近代化される前の百姓の労働を全否定したがるのは、近代の特徴だ。百姓仕事に楽なものはないと決めつけ、百姓仕事を苦役だと断定するなら、きつい仕事はみんな苦役になってしまう。手作業の畦塗りも、田植えも、稲刈りも、客土も堆肥ふりも何もかも、近代化される前の百姓仕事は、非人間的なものだったのか。そんなことはない。田の草取りよりも重労働だった開田は、何だったのだろう。仕事のきつさだけを問題にすべきではない。そうしないと田を開く百姓の夢は語れない。稲を育てる百姓の楽しさは表現できない。

だから無農薬に取り組む百姓を「かつて田草取りは難儀を極めた。一夏水が煮えたぎる田の中を這い回った。が、除草剤が普及する今も、時に以前の方法の踏襲を見かけることがある」（前述の詩人）という程度にしかとらえることはできない。除草を苦役だと決めつけたとたんに、手取り除草の技のすごさは目に入らなくなる。「稲が自分の手入れを、喜んでいる」と感じる仕事の達成感とやりがいは消滅する。だから「田草取れば草にからみてつききたるお玉杓子が掌に躍るなり」（丸井貞男）という歌をとりあげても、百姓のオタマジャクシを見る視線を理解できないのだ。この作者は詩人が言うように「田草取りのつらさが百姓だけにしか理解できない」ことを歌っているのではない。オタマジャクシに心を動かしているのだ。それがこの百姓詩人に見えないのは、彼が悪いのではない。前近代を否定する精神にこの詩人が毒されてしまっているのだ。

ぼくは除草剤離れの稲作技術の研究を大きな仕事にしてきた人間なので、除草剤推進論者がそう言うのなら、しかたがないと思う。反論は簡単だ。しかし、農薬に批判的な人でも、草取りは重労働だったというのだ。これはひどいと思う。ある人は言う。「祖母の曲がった腰を見るたびに、非人間的な手取労働からの解放は自分の使命だと思った。」そうだろうか。腰の曲がりは、そんなに非人間的な形態なのだろうか。だから、草取り仕事の知恵と工夫はほとんど記録されていない。

草取りをしながら（決して炎天下にだけしたわけではない）百姓はオタマジャクシやタイコウチや草の花にも、目をとめるときがあり、集まってきた赤トンボや涼しい風に百姓の生き甲斐を感じたり、これで今年の稲もすくすく育つぞと確信したりしたものだった。こういう世界を百姓は歌っているのに、詩人は学者は役人は運動者は評価したくないのだ。こういう世界を農学者や役人が否定するならしかたがないと思うが、詩人まで否定するようでは、事態は深刻なのだ。

百姓仕事は大変なんだ、だから価値があるんだ、という論理が横行しているのはどうしてだろう。百姓は苦しい目にあっているから、助けてあげなくてはならない、そのためにそういう苦しい前近代的な状況を、解消するために近代化しなければならない、という論理に持ち込みたいからだ。ここが根本的に間違っていたのではないだろうか。

除草剤を最大のめぐみと感じる近代化精神

意外なことに当初、除草剤は急速に普及することはなかった。なぜだろうか。稲の作付けが一〇アール（一ヘクタール）もあれば、一家が十分生活できた時代で、働く家族の人数も多かった時代には、労力を省く除草剤はそれほど求められていなかったということだろう。だからこそ、除草剤を普及するために「苦役からの解放」を強調しなければならなかったのだ。

戦後の農学者は「手段」ばかりを開発しようとした。いつから学者は労働を軽減すれば、つまり肉体労働と田んぼに行く時間が少ない方が、人間は幸せになると思い込むようになったのだろうか。これが農業の近代化の本質だった。もちろん手間ひまを省くこと自体が悪いと言っているのではない。きつい労働の中に、豊かな実りもあることに目を向けないことを批判したいのだ。そうしないと過去の百姓仕事のすべてを否定することになる。その仕事に打ち込んでいた、百姓仕事に生き甲斐を感じていた百姓の主体を否定することになる。こうした技術万能主義が、農業と自然の関係を科学がとらえることを遅らせ、農学が環境を視野におさめる農業技術を提起できない原因になったのだ。

五年ほど前に、ある地域の老人クラブ（平均年齢七四歳）でアンケート調査をした。「昭和三〇年代の農家の暮らしで、何が一番楽しかったですか」という質問に、自由に記述してもらった。圧倒的に多かったのは、「家族みんなで、仕事ができた」という回答だった。「重労働・苦役」と見る労働観とは、別の見方があることを確信した。百姓仕事を「解放」せねばならないという見方は、農学者や指導員に共通している。その理由は、彼らが例外なく、「近代化主義者」だからだ。農村を近代化することが、百姓の幸せだと、信じ込み、信じ込ませようとした歴史を、そろそろ書き直す時期に来たのではないだろうか。

手植えという「重労働」が、田植機によって近代化されたのなら、なぜ体験学習で手植えをカリキュラムに組むのだろうか。手で稲を刈らせるのだろうか。肉体労働への軽蔑は、近代化思想によって持ち込まれたが、すべてを覆っているわけではない。ぼくたち百姓の体の中には、きつくても自然に働きかける仕事へ惹かれる感性が、欲望としてある。

いかにも百姓が、近代化を求めたように思われているが、そうだろうか。もちろんごちそうを出されれば、食欲もわくだろうが、別にごちそうを食べたかったわけではないのに、食べさせたかった人たちが、農の外部にいたのだった。その人たちには、百姓は飢えている、ごちそうを食べたがっているという幻想をふりまかざるを得ない理由があったのだ。近代化主義者は、農民は進んで近代化を求めたように歴史をつくりかえる。除草剤が決して、急速には普及しなかった意味は大きい。

百姓仕事だと重労働だと決めつける人が、職人の仕事ではそうは言わないのはなぜだろうか。

田の中の草
これくらいの草では、減収することはない。

職人の手仕事は、近代化する必要がないと考えているからだ。それだけで価値があると考えているからだ。それなのに、百姓仕事だけは、それだけで価値を認めようとしないのは、労働生産性が低いと非難し続けたのは、なにより農民ではなかった、という事実がそこにはあるからだろう。

赤トンボや彼岸花の美をうたう。百姓仕事の充実をうたう。この二つは分裂したままだ。この二つの世界をつなぐ表現が求められている。なぜ、赤トンボは田んぼで生まれるのかを、なぜ彼岸花は畦草切りによって維持されてきたかを、表現せねばならない時代が来てしまったのだ。だから仕事が生みだしてきたカネにならない世界を、近代化の視点からではなく、表現し、評価の材料を提示することが、近代化を超えていく道なのだ。

だから、百姓仕事をもう一度表現し直さなければならないと、ぼくは思う。

除草剤離れの時代の意味

除草剤によらない除草法が今頃になって、なぜ多様に提案されるようになったのだろうか。合鴨に始まり、ジャンボタニシ、カブトエビ、鯉、紙マルチ、米ぬか、浮き草、不耕起、深水、田畑輪換などの除草法が積極的に提案されている。しかも全部が、百姓から生まれたものばかりだ（研究者や指導員が後押ししているものはあるが）。除草剤が環境をいかに破壊しているかは、早くから指摘されていたのに、殺虫剤・殺菌剤を使わない農業技術の研究に比べて、除草剤を使わない技術研究に研究所や試験場が取り組まなかったのはどうしてだろうか。減殺虫剤・減殺菌剤の研究は一九七〇年代に開始されていたのに、除草剤を減らす研究が始まったのは、一九九〇年代の後半からだ。

それは、いかにこの国の研究者が、長い間「除草剤によって苦役から解放された」という思想に洗脳されていたかを証明する現象だろう。そこまではよくわかる。ところが思想的には、もっと深い疑問が解決されていないのだ。まず、ぼく自身もジャンボタニシやカブトエビや、合鴨、浮き草、不耕起、米ぬか除草の研究に取り組みながら、「殺虫剤、殺菌剤を減らすのに比べたら、除草剤を使わない技術の開発はずっと難しい」と思い込んでいた。ほとんどの百姓がそう思っていた。どうしてだろうか。もう一つの疑問は、なぜ除草剤がなかった頃には、こうした除草法は求められていなかったのだろうか、ということだ。まったく求められていなかったわけではないが、今ぼくたちが求めているのとはかなり違う感覚だった。

結論は、意外なところからもたらされる。ぼくたちはいったん除草剤という、楽な除草法を手に入れ、ほとんどの百姓が体験した。近代化は労働の軽減を達成したのは事実であり、大きな功績だった。だから近代化以降は、除草剤を使わない除草法も、除草剤ほどとは言わないが、きつい労働では困る、と考えてしまうのだ。さらに専業農家は経営面積を増やし、稲作以外の作物の生産に力を注いでいるから、しかも働ける人数は減少しているので、除草剤以前よりも広い面積をしかも短時間に除草できる技術が求められていたのだ。だから除草剤以前の除草法に戻りましょうと、誰も言えなかったのだ。減殺虫剤・減殺菌剤運動ではそれが言えた。

だから、ここのところが一番大切なことだが、除草剤以前に合鴨や紙マルチや米ぬか除草が求められなかった理由は、必要なかったからだ。耕作面積は今より狭く、労働力は今よりはるかに多かった。しかも、除草を苦役だと思う感性、つまり近代化精神は浸透していなかった。手取り除草の技術は高度に発達し、完成の域に達していた。しかし、それは今まで評価されてこなかった。苦役と決めた近代化精神の持ち主、役人や学者や指導者は、それを評価しようとしないから、調査し記録しようともしなかった。

だから、単に「安全な米」を求める消費者の要求が、殺虫剤、殺菌剤だけでなく除草剤も使わないでくれという程度に高まった、とだけ解釈しているとまずいことになるのだ。これでは、百姓が消費者に振り回されているだけだと映るのも無理もないだろう。そうではなく、除草を苦役だと決めつけた近代化精神がやっと、乗りこえられる糸口が見えたということだ。

除草剤を正当化した思想とは違う思想で新しい除草法を見ないといけない。そうでないと除草剤に比べて、楽かどうか、コストがどうか、労働時間はどうか、という比較を平気でしてしまうのだ。そうではなく、近代化を超える思想で見たいのだ。除草剤を使わない技術が求められるようになったと見るのではなく、田に入ることを積極的に評価し、草や土や水や生きものとつきあうことに新しい意味を見いだす農法が誕生してきたと評価したい。

だから、除草剤の代わりに労働を軽減する新しい技術の発見、という面だけに目を奪われてはならない。明らかに従来の農法改良運動とは違うものだ。除草剤を使わない除草法も「楽だ」と言うときの、「楽」とは、除草剤使用によって手に入れた「楽」とは質的に違うものだ。あの手取り除草のときの、きつさの中にあった労働のよろこびを別の形で取り戻そうとするものなのだ。百姓仕事に人間本来の楽しみを見いだそうという気持ちがあふれているものだ。実施している百姓がすべてそう自覚しているわけではない。そう思っていない百姓の方が多いかも知れない。それは近代化を超える思想が十分に届いてないだけの話だ。

畦草に象徴される環境の危うさ

とうとう、畦の草までも邪魔者扱いされるようになった。畦草に除草剤をかける百姓が増えていき、いかに畦草を切らずにすむかという研究がもてはやされている。畦草を例にとって、自然環境の危うさと、限りない可能性を考えてみたい。『雑草図鑑』を開いてみるといい。田畑の中に生える草は載っているが、畦に生える草は収録されていない(『田の虫図鑑』までは、ただの虫が載った図鑑がなかった発想と同じだ)。生産に直接寄与するものと、生産を阻害するから排除せねばならないものだけに、目を注いできた近代化精神をよく表現している。しかし、百姓にとって、畦草はくらしと切っても切れないものだ。

畦草の必要性や、畦草の花の美しさを話題にすると、「畦草切りが負担になっているのに、何を悠長なことを」という反発が返ってくる。これは「(ほんとうは自分も好きなんだけれども)赤トンボやメダカや、ホタルではメシは食えない」という怒りと悲しみと同じ構造だろう。こうした百姓の発言に同調するのではなく、超えていく道こそ探らねばならない。

ところが一方では、「除草剤で枯れた草は見苦しいので畦には除草剤は絶対使わない」と言う百姓や「棚田の石垣の間の草取りは欠かせない」と言う百姓も少なくない。生産性を追求しない生き方も、まだ存在するのだ。その意味を考えたい。

春の七草が、山野の野草ではなく、全部畦草であることを考えればいいだろう。決して栽培されたモノでもなければ、人里離れたところに生える野草でもない。みんな、そのへんの畦の草なのだ（セリとホトケノザ=鬼田平子は、田の中の方が多いが）。畦草を楽しむ文化は今も、まだ残っているではないか。それを農業の一部と見る思想が衰えただけのことだ。カネにならない畦草の花だって、仕事の合間に畦に腰掛けて、休憩する百姓の目に映らないはずはなかった。心を打ったことも、再三再四あったはずだ。ただその感情や感動を、表現したり評価したりする文化が、近代化精神によって否定され、衰えただけの話だ。現代の稲作技術に、畦草を観賞する技術がないことをだれも不思議に思わない時代になってしまった。近代化技術とはそういうものなのだ。

彼岸花だってそうだ。彼岸花は飢饉に備えて、その球根のデンプンをさらして食べるために植えられた（モグラ除けにもなる）。彼岸花を美しく咲かせるためには、花茎がすっと地上に伸び上がってくる前に、畦草切りを済ませておかないと、つぼみの茎を切ってしまう。また草切りしないと他の草に埋もれて、彼岸花は美しくない。一方、花が終わって、しばらくすると葉が伸びてくる。遅れて草切りするようでは、彼岸花の葉を切ってしまって球根は太らない。こうして、百姓仕事を通して、無意識に「自然」は体にしみこんでいった。

畦は自然と田んぼの境界である。そこには、だから田畑の草と山野の草が同居する。いや、畦には田畑の草になりえない、かと言って山野の草でもなくなった草たちが、安定して生きている。同じように、「雑草」は作物と自然の植物との境界の生きものだ。草の多様性の原因がここにある。「雑草」という言葉は、排除する草だけを表現していない。百姓にとって、折り合うしかない植物たちであり、そのつきあいは除草剤の登場前までは作物同様に濃厚だった。「雑木」が決して役立たない木を表現する言葉でないように、「雑草」だって、いい言葉として復権させる思想が求められているのかもしれない（田の中の草については、圧倒的に害にならない草の方が多いことは、『除草剤を使わな

彼岸花
彼岸花の咲き乱れた畦の、冬の姿を都会人は知らない。

い イネつくり』〈農文協〉で明らかにした)。

畦草の輝き

なぜ近代化技術は、畦草を活用できないのだろうか。未だに、畦草の排除に躍起となっているのを見ると、その底なしの貧しさは悲しいほどだ。せめて、草を楽しみ、草を生かしてきたくらしの豊かさを引き継げない悔しさを持ち続けるべきではないか。畦草を近代化精神から救い出す方法はあるのだろうか。かつて、畦は田んぼの広さを確保するために、できるだけ削られ、狭められてきた。それでも、人が通れるだけの広さはあった。その分、崩れないように、水漏れしないように、様々な手入れが工夫され、なされてきた。畦塗りや、畦草切りがそうだ。現在、日本中で水田の「圃場整備」が進み、畦は大きく高くなった。畦塗りの必要もなくなっ

畦の足跡
よく歩く部分は草が伸びない。畦にも人の後に道ができる。

た。それだけではない。もっと重要な事態がすすんでいる。畦の消滅だ。一ヘクタール圃場では何本もの畦が姿を消したことになるではないか。そのことの弊害をだれも語らない。もし畦を歩くことが農業技術の中にしっかり位置づけられていたなら、畦にすむ生きものや植物のことが語られていたなら、こんなに簡単に畦をつぶすことはなかっただろう。そんなに田を広くしたのに、まだまだ畦草切りが負担になるというではないか。生産性追求の歯車を止めるすべを近代化主義者は知らないようだ。

かつて、畦草は（山野の草も）牛馬の飼料として、大切にされてきた。地域の草を活用する牛飼いもちゃんと成り立っていた。現在では、輸入飼料に比べて、そうした「高コスト」の畜産は「経営的」に成り立たない。しかし、環境にやさしい農業を追求するなら、資源を循環できる伝統的な飼養を、環境を守るモデルとして、再評価せねばならないだろう。こうした生産をこそ、税金をつぎ込んででも支援すべきだと思う。たしかに、百姓にとって、草との戦いは大変だった。だからこそ、百姓は草を排除するのではなく、折り合う術を見いだした。そうした術さえ成り立たない構造は、減農薬運動以前の百姓と害虫の関係に酷似している。畦草を排除するしかない技術と社会を肯定するなら、自然環境を守っていくしくみはできるはずがない。

「百姓」という言葉の本当の意味

百姓は差別語か

先日も地元の新聞社から依頼された原稿の「百姓」という語を「農家」に、「百姓仕事」を「農作業」に言い換えてくれと頼まれて、いやな思いをした。新聞社の記者が書くならともかく、社外からの寄稿については、もう実質「百姓」という言葉は「解禁」されたと判断していたのに、まだ自己規制をゆるめていない新聞社もあったのには驚いた。

そもそも明らかに「百姓」を差別語に準ずる言葉として、大工や左官、などと同列にマスコミが追放したのが、一九七〇年だった。同時に言い換えの言葉が全盛期を迎えた。しかし、当時からディック・ブルーナの絵本のミッフィーちゃんシリーズには「おひゃくしょうダン」が登場する。どうして差別用語に「お」をつけて使うのだろうか。この本の志の高さが身にしみたものだった。それにしても、なぜ「百姓」という言葉は、差別用語と錯覚されるようになったのだろうか。

まず近代化社会が、古いものを差別する構造をもっていたことが根底にある。「封建的だ」といえば、遅れて非民主的なイメージができあがっている。明治時代になって、本格的な近代化が始まるのだが、同時に江戸時代は封建的な時代として、非人間的な社会であったという教育が始まる。百姓をはじめとして武士以外の職業は不当に差別され、女性や被差別民や障害者はさらに差別された、と教えられてきた。

ぼくは役人として、さすがに役所の中で当初から「百姓」と口にすることはできなかった。戦後の教育を受けてきたからだ。ただこのことに異を唱えていた先人と出会ったのが幸せだった。百姓が自分のことを、胸を張って「百姓」と名乗る。そんな人間が村にはいっぱいいるのに、役所の中では、この言葉を差別語として使用を「禁止」していることに、我慢ができなくなってきた。しかも百姓を差別用語として追放する動きは一九七〇年代以降に加速されていくのが、不思議だった。当時ぼくは農業改良普及員という県庁の役人だったが、「百姓」という言葉をあえて使うことにした。

最近では歴史家網野善彦さんの発言により、百姓という言葉が決して農民を意味しているのではなく、多くの職業の人たちの呼称だということが知れ渡ってきた。また水呑み百姓という言葉も決して貧しい農民を意味することなく、ただ耕作する田畑が少ないだけで、様々な職業を兼ねることにより、貧しくはなかったことも明らかにされた。農民を意味してなかった百姓という言葉が農民という意味に誤解されていくのは、実は明治以降のことである。この国の近代化は、何が何でも百姓を農民という概念に閉じこめ、その多様性と自立性と自由さを否定したかったのだ。その総仕上げが、百姓という言葉自体を、抹殺することだった。マスコミがそれに乗り、役人と事なかれ主義者が追随した。

しかし、そんな魂胆で、中国から伝わり、二〇〇〇年も使われ続けた百姓という言葉をこの世から葬り去るわけにはいかないのだ。いま役所では「農家さん」という言い方が多数派を占めようとしている。この言葉を農業資材の業界の人たちが使い始め、農協や普及センターが真似し始めたのは、五年ほど前ではなかったろうか。なぜ文化の衰退に役所は拍車をかけることしかできないのだろうか。

貧農史観にさよならを

どうやらぼくたちはまちがった知識をうえこまれたらしい。江戸時代には、百姓は武士に支配されて、重税にあえいでいたという教育を受けてきた。ところが最近の歴史学はやっとほんとうの事実を明らかにしてきている。「百姓は武士の家来でも、部下でも何でもない。ただ納税義務だけを負っていた。だから年貢を納めさえすれば、自由だったのだ」と言うと、多くの人はびっくりする。いくつかの象徴的な事例をあげてみよう。

①百姓の暮らしは決して悲惨ではなかった。子どもはよく太っているし、大人もこざっぱりと清潔だった。
②百姓や庶民はゆっくりと仕事をしており、ゆったりした時間が流れていた。
③むしろ武士の暮らしの方が質素でもあった。大名もそんなに贅沢はしていなかった。
④武士は勝手に村に立ち入ることはできなかった。村は自治が貫かれており、選挙で村役を選ぶことも行われていた。

⑤年貢も「五公五民」などというのはタテマエで、実際には収入の一〇～一五％ぐらいだった。
⑥階級制度はあったが、上下の関係が精神面に及ぶことはなく、部下が平気で上司にものを言えた。
⑦離婚が多く、女性はよく働き、その地位は男性に比べて低いわけではなかった。
⑧武士以外の庶民には国家意識、藩意識はほとんどなかった。国家や藩から自由だった。

こうした事実が、現在の農業の評価に大きな影響を与えることがわかっていない人が多いようだ。「まちがっていたといっても、しょせん昔のことだろう。」とんでもない。こうした「前近代」の事実を真摯に受けとめることからしか、近代は超えられない。なぜなら近代は、前近代を封建的だ、遅れた世界だ、人間らしく生きられなかった、と否定できたから、輝いておれたのだし、ぼくたちをリードできたのだから。それがウソだということになれば、ぼくたちの出発点が揺らいでしまうのだ。

こうしたぼくの主張に対して、多くの反発が起きている。それは近代化精神が主流の世にあってはしかたのないことだ。とくに「昔に帰れと言うのか」という批判をよく耳にする。昔に帰れないから、苦労しているのだ。昔に帰れるなら、昔に帰って、こんな世の中にならないようにもできるだろう。でもぼくたちはここまで来てしまったのだ。だから、近代化を必死で修正するしかない。超克するしかないのだ。それが宿命なのだ。

またこの国の農学という科学は、百姓用語を追放することから始まったと言ってもいい。どうして田植えを移植に、畦を畦畔に、手入れを管理に、肥えふりを施肥に、刈取りを収穫に言い換えなければならなかったのだろうか。経験を科学に置き換えるためにである。その延長線に、百姓を農民や農業者に言い換える必要もあったのだ。百姓は、科学が普及する前の非科学的な段階の農民だというイメージを植えつけたかったのだ。

農の語り方

百姓仕事に新しい光をあてるために障害になっていることがある。たしかに、習いになっているのではないかと思うことが多い。「農業は楽しい」という発言はあまり聞かないが、「農業は厳しい、しんどい、もうからない」という発言はあたりまえに通用している。それが近代化思想によることは前述したが、もっと深い事情もあったようだ。

ある百姓の庄屋の家から「凶作で餓死者が出た。つきましては年貢をまけてほしい」という古文書が見つかる。しかも何十枚も見つかる。同じような文面の文書が隣村の庄屋からも見つかる。かつてはそれを鵜呑みにして、というより百姓は虐げられていたという先入観から、重い年貢が百姓を餓死に追い込んだという証拠に利用されてきた。ところが、それは庄屋の子息の習字の練習の字だったということが明らかになる。封建時代の百姓は虐げられ貧しかったという「貧農史観」から自由になれば、自ずから見えてくる世界だったのだ。つまり、お上の政治を村の外に押し戻し、村の中に別の世界を築いていた百姓のものすごい処世の証拠だと、その文書は見えてきたのだった。

お上には村の実態はつかめなかったのだ。

しかし、現代ではお上をごまかす必要はないだろう。お上への不信は別の形で厳然とあることを否定するつもりはない。だが、いま行政と百姓の関係において、不足しているものは、農政の一面的な価値観を問いただして、新たな価値観を突きつけることではないだろうか。そのために行政者に教え込まなければならない。とにかく、何をなすべきかわからないから、目先の利益を追求する助成に血眼になっていたのが、この国の農政なのだから。お上をだますのではなく、教え導く言葉が百姓に求められているのだ。

同時に、国民に同情される必要はない。今は儲からないかも知れないが、この国の自然を支えているのは、それをタダで提供しているのは百姓仕事だということがわかってもらえれば、早晩農の評価は大転換するのだから。むしろ農業の厳しさを強調しても、効果はない。

4章

自然保護と農の和解

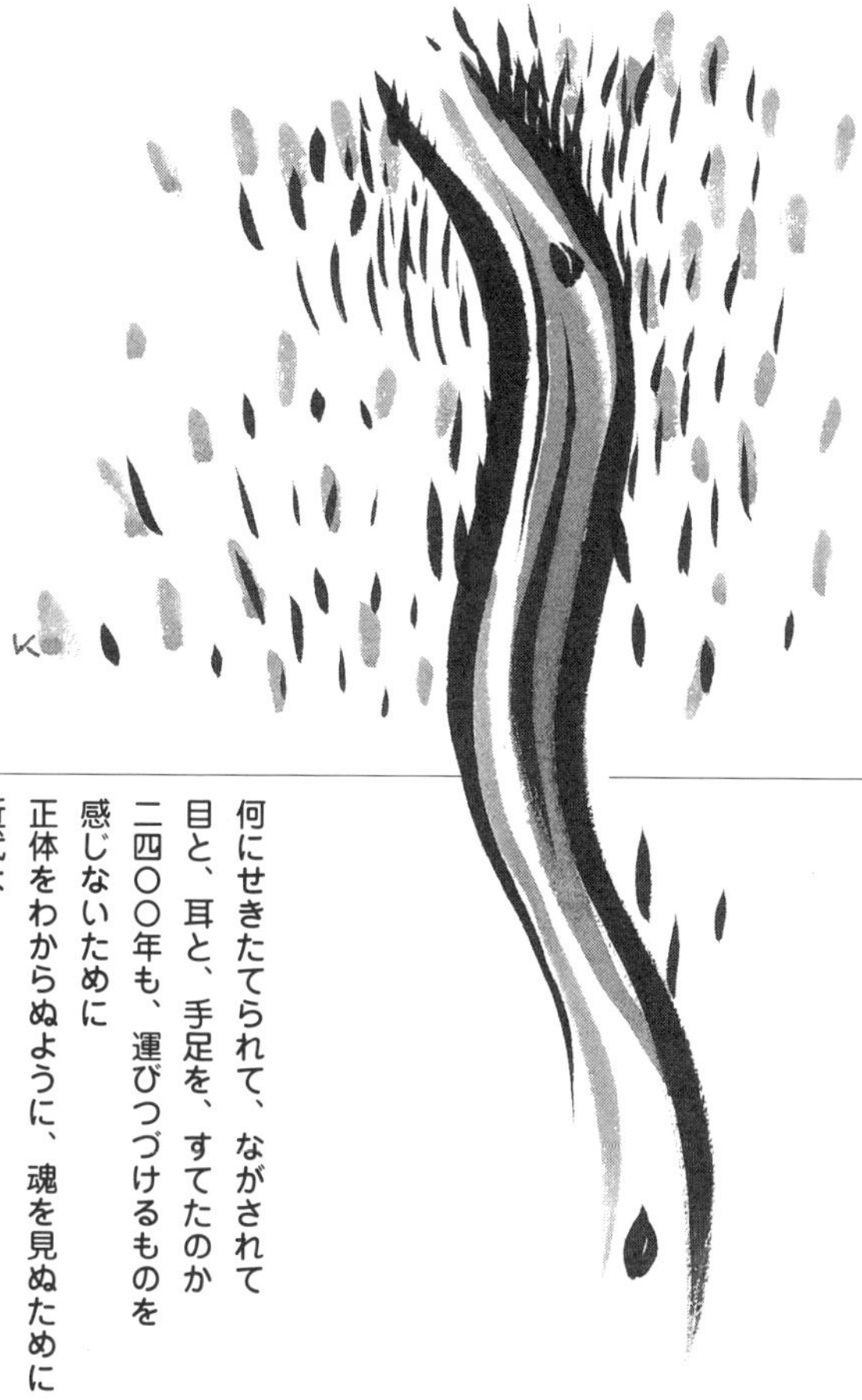

何にせきたてられて、ながされて
目と、耳と、手足を、すてたのか
二四〇〇年も、運びつづけるものを
感じないために
正体をわからぬように、魂を見ぬために
近代よ

なぜ、百姓は自然保護に嫌悪感を持ったのか

何もわかっちゃいないという実感

猪が鹿が猿が、鳥がヒヨドリがスズメが増えて、農作物や木を食い荒らす。行政は「有害鳥獣駆除」という名目で、猟友会に依頼して殺してもらう。そのことにかつての自然保護は抗議してきた。自然の生きものを殺すと、自然が壊れる、という論理だ。しかし、そこに住む百姓にとっては、こういう論理は承服しがたいものだった。「馬鹿言うなよ。これらの生きものが増えすぎたのは、自然のバランスが壊れてきたからじゃないのか」という反発がどこでもおこった。カネになるからと言って、山には杉《スギ》・檜《ヒノキ》ばかりを植えた。しかしそれもカネにならない。山への手入れは、放棄されていく。田んぼだって同じだ。ひたすら稲を植えた。ところが食料輸入の増大で、減反が始まり、田んぼは荒廃していった。里でも、百姓の手入れが及ばない空間が増えていった。

だから百姓にとっては、農のあり方が荒れていくからそうなるのであって、もういちど山仕事や百姓仕事をまともに評価しないことには、自然は輝かないことはわかりきったことだった。

ところが農学者や農業試験場はそうした視座を持ちえなかった。むしろ、人為的な百姓仕事によって、かえって生態系は安定していたのだということを明らかにしたのは、生態学者の研究だった。「中規模撹乱説」なるものが、生態学者から唱えられたのは、実に皮肉なことだった。これは「自

然の生きものは人為的な、あるいは自然災害による撹乱によって、むしろ生き場所を豊かに確保できる」という学説なのだから。だから、百姓仕事の役割が重視され始めたと受けとめ、この学説を百姓仕事で検証していく百姓や農学者が出現しなければならない。

なぜ、市民運動のトンボ池は生まれたのか

トンボ公園

横浜市の森清和さんと埼玉県の新井裕さんとの出会いは、ぼくに大きく豊かな実りをもたらしてくれた。農学者のまなざしが及ばない世界をはじめてぼくは二人から学んだ。横浜のトンボ公園は都会の中の公園だ。横浜のビオトープはドブ川を再生させた。話を単純化して語ることにする。団地の横に小川が流れている。水は汚く、生きものも少なく、いやな臭いがして、ゴミや空き缶が浮いている。護岸はコンクリートで、岸には人間が落ちないように金網のフェンスが張られている。この川を再生しようと言うわけだ。まずコンクリート護岸を崩し、石垣や土手に替える。岸には木を植え、フェンスやガードレールは取り除く。川底のコンクリートも剥いでしまい、底の土は浚渫して河道は湾曲させ、瀬と淵をつくる。いわゆる「近自然工法（多自然工法）」だ。こうすると瀬による浄水作用でみるみる川の水がきれいになり始める。魚やトンボが戻ってくる。子どもたちも

川遊びを始める。ところが問題は、その管理だ。草が伸びてくる。ゴミが流れてくる。河道が埋まってくる。

今までは河川を管理する市役所の仕事だった。ところが川の傍の団地の人間が手入れを始めたのだった。手入れに値する川になりそうだとみんなが気づいたのだった。こうして住民と川との関係が復活したのだ。それは「多自然工法」という工事法がもたらしたのではなく、人間のまなざしがもたらしたのだった。

しかも驚くことに、これらの工事に一〇〇メートルあたり一億円の工事費(税金)が使われており、この支出に対して住民から文句が出るどころか、歓迎されている。一方田舎では、いよいよ人手がないという理由で、水路のコンクリート三面張り工はまだまだ推進されている。

埼玉県寄居町の新井さんたちのトンボ公園は、田舎の休耕田を利用したビオトープだ。トンボを田んぼの生産物だと見ることができない人にとっては、これは農業と無縁の趣味の世界にしか見えないだろう。ところが田んぼからは自然も生産されているという見方からすると、これは見事な田んぼの活用法である。その証拠に田んぼに水をためれば、トンボ池になるというものではない。田植えしない田んぼは、水をためたままにしておいても、やがて草が一面を覆い、水面が隠れてしまう。トンボの中には開放水面を好むものや、背の高い草を好むものもいる。だから、除草という手入れが必要になる。もちろん水路の手入れや、畦の草刈りも欠かせないし、なにより水の見まわりをしないと田んぼは干からびてしまう。さらに、田んぼの周辺には木立も必要だし、できれば一キロメートル以内にため池もほしい。そうすると、ため池や里山の手入れもやらなければならない。休耕田のトンボ公園も大変だなと、感心してしまった。ぼくはここから、ビオトープの管理は、田んぼの百姓仕事とよく似ていることを学んだ。

だから全国各地で試みられている学校ビオトープに期待するのは、そうした手入れを「仕事」の原型として、子どもたちが体で感じてほしいからだ。

ビオトープ

ビオトープとはドイツ語だ。「生きものがすむ場所」という意味だ。ぼくはこう訳す。「生きものが、生きものらしく生きられるところ」と。田んぼはビオトープだ、とぼくは言いたいのだけど、痛烈な批判を浴びせられた。「田んぼは作物の生育に好都合なように、人間の手が入りすぎている。だから、作物以外の生きものにとっては、生きにくいにちがいない。まして、農薬を散布する農地は、いよいよ生きものにとっては地獄だ」というものだ。それは生物学者、生態学者と農学者の共通の理解でもあった。だから、農業が自然を支えているという考えは発展しなかった。

先日もある小学校校庭のビオトープを見たが、そのすぐ外は田んぼが広がっていた。ぼくは深いため息をつくしかなかった。田んぼの生きものが、その学校の先生には見えていない。田んぼに入れば見えるのに、入る機会も動機も、入ろうと思う思想もない。そういう時代が戦後四〇年続いてきて、新井さんや森さんたちは、ぼくたちと同時に気づいていたのだ。ぼくたちが田んぼの生きものが「自然」の生きものだと気づき始めたときに、田んぼがビオトープのモデルになると、彼らは意識していたのだ。なぜなら、この国のほとんどのビオトープが「水辺」を持っているのは、この国に遊べる水辺が多いからだ。それは田んぼのタマモノでもあるのだ。

ビオトープのもっとも教育的なところは、ビオトープが人間の手入れを必要とすることを学ぶところにある、とぼくは思う。人間がきちんと手入れするから、田んぼと違ってその手入れも試行錯誤するしかないが、人間が関わるから維持され、荒廃せずに済むことを学ぶところがいいところだと思う。

むしろ農業に、ビオトープを導くまなざしと技術がなかったことをぼくは反省する。ぼくたちの減農薬運動も、有機農業の運動も、環境管理の思想に目覚めたのは最近の話だ。農学者でただ一人こうしたまなざしをもった人は、守山弘さんだった。もう十数年も前、彼がつくばの農業環境科学研究所の敷地内に造成したミニ農村を視察に行った時のことをよく覚えている。「百姓は見に来ますか」と問うと、守山さんは「来ないね」と笑った。来るはずがない。彼の研究すら異端視された時代が続いてきたのだから。農村の環境の基本構造を解明しようとする彼の独創は、ぼくに大きな光をもたらした。かつて桐谷圭治さんに出会ったときのような興奮をぼくは感じた。「宇根さん、こうして人工的な敷地に、昔の農村の自然環境を復元するよね。そうしたら、すぐに多くの生きものがやって来てすみつく。どこから来たと思う。近くの田畑や村からだよ。こうやって、生きものの回廊が日本中に張り巡らされているんだ。」ビオトープ（生きもののすむ場所）どうしが、一キロメートル以上離れたら、こうした回廊が途切れてしまい絶滅する種がでてくる、という説明を聞きながら、こういう農学者がこの国にいたことを誇りに思った。

やっと、ぼくたちはいま、「田んぼはビオトープだ」と言うことができるようになった。それは無農薬で、減農薬で稲を栽培してきた自信だけでは言えなかった。百姓仕事が自然の生きものを支えているという実感を手にしたからだった。

自然保護の新しい潮流

里山運動が提起したもの

里山を守る運動は、市民と生態学者から始まった。ここでも百姓や農学者は遅れをとったような気がする。里山という言葉は、全国各地で使われていたものではない。ところがそれが、新しい運動の言葉として使われ始めると、急速に普及していった。言葉の力は絶大だ。「里山」と聞いただけで、身近な自然を守る新しいアプローチだとすぐ理解するようになった。

少年の頃のぼくはよく両親とともに、入会林に薪とりに出かけた。主な燃料は松葉だった。松葉は小枝によってくるんで背負うが、背丈よりも高い松葉の固まりを背負って、自力では立ち上がれない。そこで子どもが後ろから押してやるのだ。そのために、子どもを連れていくのだった。そうやって家族そろって、家路を急いだものだった。松葉のことをゴと言っていたが、ゴはかき集めて採集しなければ、松茸などのきのこが生えない、と父がよく言っていたのを思い出す。

有名な例はギフチョウだ。この蝶はかつては全国のいたるところにいた。広葉樹林の林床に生えるカンアオイという濃緑色の厚い葉を持った草の葉を、幼虫は食べて育つ。ところが山の手入れがなされなくなると、林の中は灌木や笹に覆われて、カンアオイは育たない。するとギフチョウも姿を消してしまう。人間の手入れがむしろ多様な生きものの生息空間を増やしていたのだ。こういう例はいくらでもある。この国の山がいかに、人間とのつきあいが深かったかの証明だろう。

知らない人は、山の緑の危機に気づかない。緑滴る山も荒廃が進んでいる。紅葉したカズラが巻きついた樹を、いい風情だとしか思えない感性は、人間の仕事を忘れ果てた鈍感さでしかない。ぼくの部落の共有林の杉の木は、三〇年もたっているのに、一本が一三五円だという。こうした経済は、樹を見ても価値を感じない人間を育てる。それだけではない。もっと深い荒廃へとぼくたちを誘う。それは、人間の仕事から誇りを奪うことだ。

この近代のもっとも深い病気に、処方箋を本気で探そうではないか。

風景は百姓仕事の実りだ

なぜ、百姓は田植えが終わった田んぼの風景を見るとほっとするのだろうか。なぜ、減反田の水のない風景を見ると、落ち着かないのだろうか。仕事と切り離して、風景を論じることはできないのに、多くの風景論や景観論には、百姓仕事が表現されていない。奇妙な現象だ。

田舎にやってきた都会人が「ここは自然に恵まれていますね。何より村の風景が美しい」とほめてくれる。しかし、向こうの谷の減反で荒れ果てた田を見せたら、決してほめはしないだろう。日本の田舎の自然の美しさは、手入れ（労働）が生みだした美しさだ。道ばたや畦の草を住民が定期的に刈っているからだ。

棚田の石垣の草などは、二、三年に一回取ればいいのかと思っていたら、「毎年冬には取らないと石垣が呼吸できなくなる」と言われて反省したことがある。決して棚田を美しく見せようと草取りしているわけではない。田んぼをいつくしむ労働があるだけである。また畦の草は切らないと、背丈の高い植物だけになる。低い植物が日陰になって、負けて枯れていく。そう

冬の畦
じっと春を待つ冬の棚田の畦。

すると単一な種類の草ばかりの畦になって、崩れやすくなる。三〇日に一回の草切りによって、畦には多様な植物が育つ。害虫も発生しにくくなる。とくに山間地の棚田は花の種類が多い。五〇種はくだらないだろう。「畦草の花の美しさなんか、一銭にもならない」と言う人も多いが、赤トンボがカネにならない構造と、全く同じだ。近代化社会は今でもささやきつづけている、「畦草をこまめに切っている暇があるのなら、除草剤でもかけて、余った時間で稼ぎに出たがいいぞ」と。そのほうが国の経済活動も活発になって、ＧＤＰも増えるだろう。なにしろＧＤＰには、自然の豊かさなどカウントされていないのだから。

棚田の石垣や土手の畦を美しいと思う感性は、畦を手入れする仕事をたいしたものだ、大変だろう、と評価する思想とセットにして、あたらしい文化にしなければならない。

ある百姓の話を紹介しよう。「最近は農村でも、人間や犬の散歩が多くなりました。その人たちは田畑の風景も楽しんでいるだろうと思って、畑のまわりや畦にも除草剤をかけないようにしています。緑の中で、除草剤によって、茶色に立ち枯れの状態になっているのを見るたびに、私は気分が悪くなります。散歩する人もきっと同じ気持ちでしょう。しかし私もだんだん年を重ねたら、身体がきつくなって、人のことをかまう余裕もなくなり、茶色の草を人の眼にさらしても、なんともないようになるかもしれません。」こうした情念と不安をほとんどの百姓が持っている。百姓仕事の中の、こうした気持ちを評価していこうではないか。

百姓仕事がこれほど評価されない時代があっただろうか。田んぼが美しいのは、稲や水や空気や光のせいではない。畦草切りという、百姓仕事が生みだした「美意識」のせいだ。なぜ畦草切りなどしたことのない都会人すら、草ぼうぼうの田んぼは美しいと思わないのだろうか。自然と向き合い、自然に働きかける仕事を通じて、自然と折り合うように（自然を）手入れするということの安心感・満足感・達成感が、手入れのあとを美しいと感じる美意識をつくりだしたのだ。それが文化となって、農業技術の中に流れてきた。

草刈りが達成感の強い仕事である理由は、自然界と直接に向き合い、見事に折り合った実感があるからだ。それは自然をてなづけたというおごりと、自然をくい止めたというおびえとの間に揺れる実感なのだ。畦に咲き乱れる草にも目をやる時間と余裕を奪われないならば、この国の風景は、まだまだ滅びない。考えてみれば、農業においては、カネにならない労働が不可欠な仕事だ。畦草切りは、その象徴だろう。そのことを大事にしないなら、百姓仕事は自然を認識できなくなる。

棚田を守る運動は、すごい運動だと思う。「棚田」という言葉も、「里山」と同じように新しい思想を持った言葉だ。単なる段々になった田んぼという形態だけを指してはいない。第一回の棚田サミットは一九九五年に、松山市や高知市から三時間もかかる山奥の檮原町で開かれ、ぼくも参加した。国土庁や農水省、文化庁の役人も招かれていて、政治性と思想性をここまで出せるとはたいしたものだと感心した。自然や環境をここまで打ち出せることに勇気づけられたのだった。

新しい近代化論をやろう

近代のまなざし

ぼくたちに対してよく言われるのは「きみたちのように、メダカやトンボなどの自然環境まで視野に入れた農業へと変革していこうとするのは、支持したい。でも、あなたたち以外の百姓にそれは可能だろうか。あなたたちの思うようにこの社会は変わるとは思えないが……」というものだ。「カネにならないモノの大切さはわかっているが、カネにならない仕事を評価する社会はできるのだろうか」と言い換えてもいいし、「近代化の恩恵をこれだけ受けている社会を、どう変えていけばいいのだろうか」と言い換えることもできる。つまり誰だって、農業をこういう形に追いつめてきた社会に対して、無条件に肯定しているわけではないのだ。でもどうしたらいいのか、その答えを見つけようとする人は少ない、ということだろう。

それに対しては、こう答えたい。すぐに、それを実現するしくみ（経済）や政治（補助金）を構想しようとするから、現実の前で無力感に陥るしかなくなるのだ。しくみより前に、まなざしを変える方が先だ。そして、「カネにならないものを評価するなど、無理に決まっている」と思うのは、この国の「近代化」の当然の帰結として、ぼくたち一人一人にもたらされた一つの考え方だと、気づくことから始めるしかないのだ、と。そうした人間のまなざしの変化は、いたるところに現れている、と。

何度も言うようだが、「トンボやメダカじゃメシは食えない」と発言する百姓の中の近代化精神と、同じ百姓が「もう一度メダカやホタルの川で孫を泳がせてやりたい」と言うときの近代化前の価値感との対立を、「どうしたら解決できるのだろうか」と考える〝まなざし〟が新しいのだ。明治以降の近代化は、（農業にとってはとくに戦後の近代化は）とうとう行きつくところまで来てしまったから、もちろん精神的にだが、とうとう脱出口が見えてきたのだ。

時代はここまで来た

ぼくはつくづく今日まで生きてきてよかったと思う。もちろん世の中はこれからも、もっともっと「発展し」悪くなっていくだろう。でもその原因がよく見える時代にまで生きてきてよ

畦の除草剤
除草剤散布を誰が責められるだろうか。近代化はここまで来た。

かったと思う。どうすればいいのかが、見えてきたからだ。東海村の臨界事故や雪印の牛乳工場の汚染事故は、マニュアルどおりにやらなかった労働者の責任でも、何でもない。人間の労働をマニュアル化し、そのマニュアルも手抜きせざるをえないように追いこんでいく、近代化の当然の帰結なのだ。まわりを見渡せば、すべての局面でぼくたちの仕事は余裕を失っている。原因は一つ。カネを余計に稼ぐために、労働の効率を上げざるをえないからだ。それも無理して、無理して、大切なものを失うほどになってしまっている。カネさえもらえば文句は言えないからだ。だから、誰もカネを、効率を、近代化を批判できなくなってしまった。

農業関連団体はここ数年、デ・カップリングを政府に要求してきた。新しい補助金、新しい助成制度の要求だ。ところがそれが実現されてしまうと、どうだろう。具体的な提案は地域からはなく、ほとんどお上から提示されるのを待っているだけだ。つまりデ・カップリングを「カネにならないモノだけど、大切なモノを支えている仕事への支援」ととらえる思想が不在のまま、要求だけはするという程度ではなかったかと言いたくもなる。その大切なモノを国民が支持する運動を生み出せないでいる現状に目を向けないからだ。制度要求をするその〝まなざし〟が旧態依然として変わっていないからだ。

新潟平野の異常な風景

二〇〇〇年八月に新潟平野に行ってきた。そこには象徴的な風景が広がっていた。畦にまで除草剤を散布している田が、七〇%を越えていたのだ。九州でも佐賀平野には目立つが、これほどではない。立ち枯れした畦がパッチワーク状に広がる風景にはショックを受けた。これほど新潟平野の百姓は追いつめられているのかと、深く同情した。たしかに農水省が言うように、もっと稲作を「低コスト」にするためには、畦にまで除草剤を散布した方がいいのだろう。百姓もまた、畦草刈りの時間を省かなければ、経営が圧迫されるのだ。しかし、農水大臣には問わなければならない。新しい「食料・農業・農村基本法」にいう「多面的機能」を、どこに追いやろうとしているのか、と。この法律は、まだまだ実効を伴わない「念仏」に過ぎないのか、と。その程度の思想なのだろう。しかし、いくら何でもこのままじゃ、百姓仕事は救われないと考えるところに、ぼくの活動の原点がある。百姓の子ども同然である自然環境を、自分の手にとりもどす思想を形成することで突破していくのだ。

福岡県では、まだ畦に除草剤を散布している百姓の方が少ない。どうしてだろうか。「みっともないから」「畦が崩れるから」「田んぼが無農薬なのに、畦には使えない」「散布直後は歩くのが危険だから」「草が枯れると生きものが生きられない」という理由からだ。とくに「みっともない」という価値観は、決して世間体を気にしてではなく(それでもいいのだが)、百姓仕事に対する誇りを守る意志が、まだカネの論理に負けずに残っているからだ。それを農業経済学では「経営感覚がない」と非難し続けてきたようなものだ。しかし、友人の百姓、松崎治磨さんは、数百万円の草刈機を導入してでも、畦には除草剤はかけないと、考えている。彼は稲作一三ヘクタールの専業農家だが、カネに換えられないモノで、百姓仕事が支えられていることを強調している。

　こうした図式は、農業の至るところで見つけることができる。国は食料の「自給率」を上げることを、法律で決めた。しかし、近代化に毒されながらも、どうにか自給がここまで守られてきたのは、カネにならないモノを大事にする価値観が、近代化される前の価値観が残っていたからだということに気づいている政治家がいるだろうか。棚田で米をつくるより、買って食べた方がよほど安上がりなのに、なぜあんな田に稲を植えてきたのだろうか。大豆なんか全部出荷して、自家用は買う方が安いのに、なぜ味噌を自給するのだろうか。むしろ近代化精神の浸透が、自給を廃れさせてきたことを明らかにしたい。

　それなのに、国は近代化精神で、自給率を向上させようとしている。また、そういう補助金をまだ要求している人たちが多い。近代化精神をいよいよ強化させ、延命させるだけの話じゃないか。

　近代化精神が国境をなくし、それだけでなくもっと大事なのは地域をなくした。「安全で、安くて、おいしくて、安定して供給してもらえるなら、オーストラリアのオーガニックのコシヒカリでもいいじゃないですか。」そうささやかれて、「そうは言っても、安全かどうか、安定して供給してもらえるかどうかわからないから……」などという反論しかできないのが、この国の国民なのだ。それは当然のことだ。現にこうしている間も、野菜の輸入はうなぎ登りに増え続けている。「安い」野菜で、失われるモノを想像できないのがこの国の国民なのだ（もっとも、これは農業だけでなく、工業にも及んでいる。カネを求めて近代化はまだまだ進むのだろうか）。

自前の思想をつくる

難しいことを言うつもりはない。「畦草刈りは負担になってきたな」と感じるとき、「どうして、負担と感じるようになったのだろうか」と考えるのが近代化を考えることなのだ。「みっともないから、除草剤は使わないぞ」と自分に言い聞かせるとき、「なぜオレはみっともないと感じるのだろうか。世間に対してだろうか、いや自分自身に対してだろうか」などと考えるのが「思想」形成になるのだ。「以前は、畦草刈りなど当たり前で、誰でも何の疑問もなくやっていた。それが負担と感じるようになり、かといって除草剤は使いたくないと思う。こういう悩みが生まれるようになったのは、近代化がとうとう畦草にまで及んできたからかな。いや、そうじゃない。除草剤なら、とっくの昔に田んぼに使ってきた。もう四〇年以上になる。それなのに、畦草にそれを使用することなど、何の不思議もないのに、どうして悩むのだろう。近代化に希望を託して、新しい手段を取り入れていたときには疑問に思わなかったことが、今は引っかかってしまう。誰もがそう考えるわけではない。迷わず除草剤をかけている百姓も少なくない。」こういう風に考え出した百姓の〝まなざし〟が自前の思想を形成する。もちろん、近代化への違和感なら誰でも抱いている。でも流されてしまう。流されていることを自覚し、どうにかしたいと考えたときに「思想」が役立つのだ。

流されるのは、流されるような思想教育を受けてきたから

青年たちが言っていた。「江戸時代の百姓は殿様の家来だったんじゃない？」「除草剤のない前は

炎天下の重労働に百姓は苦しんだそうですね」「百姓は差別用語じゃないんですか」「田んぼの風景にどんな意味があるのですか」「自然環境にカネを払うなんておかしいですよ」と。

ぼくは一九五〇年生まれだが、この青年たちと似たような教育を受け、見事に洗脳されていた。しかし、疑問を抱いていなかったわけではない。ぼくは子どもの頃から、父が他人に先駆けて農業の近代化をすすめていくのを、誇らしく思い、同時に仕事がどうしようもなく情けなくなるのを、小学生、中学生の頃、ずっーと見てきたのだ。採卵鶏が一万羽に届こうとする一九六五年頃の仕事は、ほんとうに単調で矜持を失っていた。その後も、ずーっと考えてきた。近代化への、憧れと違和感、自慢と疑問、あきらめとあせり、肯定とそれじゃ何が残るんだという不安、カネは多い方がいいという欲望とカネにならないモノがどんどん失われていく失望、を引き受けて生きてきた。ほとんどの人がそうだったと思う。どちらかだけを選択することはできなかった。したがって、近代化論（近代化に対する考え方を整理すること）にのめり込むのは、ぼくのこの四〇年間の肩の荷を降ろすためなのだ。

だから、「母親の曲がった腰を見るたびに、農業を近代化させて楽にさせたいと思った」などと平気で発言する素朴な近代化主義者に会うと、やりきれない思いだった。また「女性は、牛馬のごとく働かされてきたから、近代化によって解放されなければならない」というような言い分を聞くと、「近代化精神で見るから、そういう一方的な見方になるんだ。それじゃ母や祖母の仕事は浮かばれない」と歯ぎしりしたものだった。むしろ近代化によって、仕事が「楽」になったことよりも、仕事の「楽しさ」が薄れてきたことを問題にすべきだ。ぼくは、いまの村に引っ越して一二年になるが、薪などを使って、風呂はもちろんのこと、カマドでご飯を炊いている家が三軒もあるのに感動した。戦後の「台所改善」は何だったのかと思わざるをえなかった。ついぼくが「大変でしょう」と問うと、その家の婆さんは、別に何ともないと答える。近代化は決して人間の本能ではなかったことを知るべきだ。仕事は楽な方が、労働時間は短い方が、賃金は高い方が、カネが儲かる方が、効率がいい方が「進歩」だと考える思想は、戦後教育で押しつけられた価値観だったということが、生きているうちにわかっただけでも幸せだった。もちろんぼく自身、ここから抜け出すことは容易ではないが、抜け出してみせる。

近代化に洗脳された自分を救い出す思想

渡辺京二さんの本をはじめて読んだのは昨年だ。『逝きし世の面影』(葦書房)には、何度涙が出そうになったことか。ここには、たしかに近代化精神がなぜ必要だったのか、そしてその限界は最初からわかっていたことだったことが、見事に江戸末期から明治初期に戻って分析されている。自分の近代化への疑問は、ここまでさかのぼらないとわからないのか、ここに近代化を超えていくモノがあったのか、と心がふるえた。とくに近代化以前の日本人は、労働を苦にしていなかった、人生を悔やまなかった、あっさりと死んでいった、人と人との垣根が低かった、言いたいことを言っていた、などという分析のページを繰るたびに、ぼく自身を近代化精神から救い出す道が、明確に見えてきたのだ。そうだったのかと、納得した。ぼくが生きてきたこの五〇年だけでも、いかに多くの大切なモノを失ってきたことか。そんな一銭にもならないものは失う方がいいと、ささやき続ける精神が「近代化精神」なのだった。もちろん「近代化」は避けて通れないことも、渡辺さんは証言している。ぼくがこうやって、理屈で考えているのも、近代化精神なのだから。

今でも相手を批判する言葉で効果があるのは、「あなたは封建的だ」「あなたの言うことは非科学的だ」「あなたの行為は非人間的だ」と決めつけることだろう。これらの決めつけは「近代化思想」の特徴だが、相当いかがわしい言い分なのだ。封建時代の方がずっと百姓は恵まれていたとも言えるし、科学で解明できないことは多いし、科学的なことがあとで間違っていたことは少なくない。腰が曲がる労働は非人間的だと言うけど、そういう労働をひきうけて生きる人生だって捨てたものじゃない。近代化精神で過去を裁くのはやめにしたい。

減農薬による脱近代化

明治維新の近代化は避けて通れなかっただろうが、同じような図式で戦後の農業近代化が、「封建的な農村の民主化」と、「貧しい農村の解放」を目的に、ほとんど反対者なしに推進されたのは、奇妙なことだったと思う。たとえば、農薬万能の技術から抜け出ることが、こうまで遅れたのはぼくたちの中の「近代化精神」に原因があることは、何回くり返して声にしてもいいだろう。もう一度、減農薬運動を振り返ってみる。

当初「虫見板」による減農薬の技術は、それ自体が近代化技術のように見えたものだ。なぜなら、農薬散布の判断を「要防除水準」によって行うものだと考えられていたからだ。むしろそれまでの防除が非科学的な基準で行われていた（ほんとうは基準も何もなく、ひたすら過剰防除が行われていた）のに対して、減農薬は「虫見板」での観察による科学的な基準を持ち込むことで、合理的に、効率的に、経済的に防除するものと評価されたぐらいだった。

ところが、虫見板を使ってみると、「要防除水準」などは幻想だと思えるようになった。一枚一枚の田んぼの基準がすべて異なることがわかった。とうてい、判断を一つの基準などで決められるはずはない。科学では不可能だ（できるだけ、数多くの田を調査して、平均値をとればいい、という発想では、いよいよ違いが際だつばかりだった）。

この難題を解決する道は、簡単に見つかった。百姓の試行錯誤にもとづく経験（勘）でやればいいのだ。つまり、近代化技術が百姓仕事を手放していった構造が見えてきたのだった。もともと近代化思想には、仕事の誇りをカネで支えられるという思い上がりがあった。減農薬運動は百姓仕事の誇り（かつては「百姓の主体性」と呼んでいた）を取り戻す運動になっていった。近代化技術の変種ではなく、近代化技術の中に流れている前近代の労働（土台技術と命名した）を再評価することになっていったのは、ぼくたちの自慢でもある。近代化は決して、前近代を否定した上で成立しているのではなく、近代化できないものを土台にしてこそ、やっと成功していることを明らかにできそうだ。これが減農薬運動が生み出した近代化論だ。

近代化論のねらい

そこでいま「近代化」を考えること（近代化論）が、なぜ重要かを整理しよう。それは、①未だに、近代化してない世界（近代化すべきでない世界）を守るためだ。これだけの近代化にもかかわらず、近代化されずに残っているものは、近代を超えて伝えていく価値のあるものに違いないのだ。

②近代化に対抗する営みに、それでいいんだ、近代化するだけが能じゃない、と言うためだ。

③かつて近代に対して抱いていた嫌悪感を、まともな感性だと正当化するためだ。

④近代化以前の豊かさにまなざしを注ぎ、まともに評価するためだ。

⑤近代化によって失われたモノを慰め、できればその復活のための根拠を築くためだ。

⑥もうこれ以上、近代化しなくてもいいと、言うためだ。

⑦近代は前近代によって支えられていることを忘れないためにだ。

それぞれに具体的な例は、身の回りにいくらでも転がっている。数多く思い浮かべられる人のまなざしが、それだけ新しいということだろうか。

近代化は病ではなかったか

この便利で快適な生活を、カネで何でも自由に買い、多量に消費する生活を、豊かな生活だと教え込んだ近代化を、いま問わなければならない。こうした生活の行く先では、人間らしい仕事は姿を消すのではないだろうか。人間と自然の関係は薄れ、人間は生きている実感を希薄にしていくばかりではないだろうか。カネにとらわれ、ぼくたちは生活の自主性、自立性を失っている。逆にカマドを使うことが、近代化から自由であるのではないか。

この近代化の便利さと快適さは、自然との関係から自由なところに原因がある。山に行くことも、斧をふるって薪の乾燥の具合を確かめることも、煙の香りで樹種を感じることもしなくていいのだ。そのことがある重要なものの喪失であることに気づかないように、ぼくたちは教育されてきたのだ。

いまエコロジー重視の考え方だけが、近代化を厳しく問いつめているように見える。自然環境が近代化によって破壊されるから、自由で快適な消費文明は永続しないと言う。しかし、この快適さ、自由さを求める精神自体が近代化精神ではないだろうか、もともとこの精神自体がおかしいのではないだろうか、とは考えない。不便だ、快適だと比較する精神自体が、近代化されてしまっている証拠だ。だから、近代化によって、いいこともいっぱいあるのだから、と言われると、そうかなと思ってしまう。近代化を乗りこえることが難しい理由がここにある。まるで病気にかかった人間のようではないか。

近代化されないものこそ、未来に残る

そこで、近代化されない「暮らし」というものがあるのかどうかを考えてみよう。たとえば、薪で煮炊きをしている、下肥を使っている、生ゴミを出さない、という暮らしの、環境とのつきあい

は近代化された暮らしとどうちがうのだろうか。そもそも、なぜこれらの暮らしは近代化を拒否したのだろうか。

スズメを追う少年たちがいる。田んぼの脇のムシロの屋根の下で、彼らはスズメ脅しの紐を握って半日を過ごす。そういう昭和二〇年代の写真を二〇歳の大学生たちに見せながら、どうして少年たちはこんなに手伝い仕事を懸命にしたのかと問うと、「親に言われて」「まじめだから」「親の苦労を見て」「アルバイトで」などという解釈が返ってくる。「楽しいから」という答えはない。

近代化は「苦役からの解放」「不便、不快なものからの解放」という目標を建前として、高く掲げてきた。しかし近代化される前の百姓仕事は、果たして「苦役」だったのだろうか。労働の強度というただ一つの側面で、しかも近代化技術の都合のよい尺度だけで、過去の百姓仕事の豊かさを否定してはならない。「苦役」の中の人間としての充実感も同時に評価しないと、百姓仕事の全否定につながりかねない。かつての村の女性が「牛馬のように働かされていた」という決めつけ方も、これに似ている。評価の不十分な時代にあって、家族でそれなりに生きてきた、生きる歓びも楽しみも懸命につくってきた女性の仕事の豊かさを、全否定する実に不愉快な言説だ。こうしたゆがめられた人間観こそ、近代化精神の貧困さを物語っている。

労働は肉体的に楽な方がいい、という価値観はどう考えても間違っている。もし仕事は楽な方がいいというのなら、カンナより電動カンナがいいに決まってるし、梁もホゾで組むよりボルトで留めたがいいだろう。さらに木造より、コンクリートの建造がいいだろう。しかし、手ガンナは未だに評価されている。木造住宅のよさは言うまでもない。

仕事の評価は、より多くのより深い価値を生み出すかどうかだろう。その意味で、「苦役からの解放」は評価の尺度を「生産性」という単純な尺度でしぼっただけの話だ。家族の絆の深さも、田畑や作物とのつきあいの深さも、生きものや風景の豊かさも眼中になかっただけだ。未だに「苦役からの解放」「貧しさからの解放」を強調する人には「そのために失ったもの」の大きさが見えていない。今から問われるべきは、百姓仕事をその程度の尺度で見てはいけないということだ。そうしないと、百姓仕事が生み出した豊かさを、継承できない。「除草剤は、夏の炎天下の草取りから百姓を解放した」というのなら、そのために、除草剤に頼らない除草法の提唱が四〇年間停滞した事実も振り返らなければ、時代の評価は公平とはいえないだろう。

さらにもっと大切な視点がある。実は近代化されたように見える様々な「くらし」の中にも、近代化されていない部分が残っていることに気づくべきだ。あるいは近代化は、そうした近代化できない土台にのっかっているからこそ成就したと表現してもいい。そうすると重大な運動論が生まれる。つまり近代化を批判している人も、近代化を容認している人も、同じ土俵に上がれるということだ。

たとえば、大規模経営の百姓でも、兼業小規模農家の百姓でも、豊作を祈願し、カミに感謝する村祭りには参加するだろう。水路や里道の普請には出役するだろう。農薬や化学肥料を使用している百姓でも、田んぼの見回りはするだろう。風の涼しさや、稲穂の美しさは感じるだろう。

また村の酒屋で酒を買うより、同じ酒が町のディスカウントストアでは安く手に入る。カネのことだけ考えれば、ディスカウント店で買う方がいいだろう。しかし、村の酒屋が果たしていた役割は、酒を安く提供するだけではない。何より酒屋は地域の一員だ。村の酒屋で「自給する」村人が多ければ、近代化するよりも大切なものを守る暮らしがあれば、村は衰退しない。

新しい百姓の出現と新しい農学の登場

新しいまなざしが生まれている

新しいまなざしが農に注がれている。ぼくたちも農へのまなざしを変えるように提案したい。

①農を産業として見ることをやめよう。

もともと農は「農業＝産業」ではなかった。農業という概念は、戦前は日本の農学によって、さらに戦後は近代化主義によって、農から切り離されていった。さらに産業としての側面ばかりが評価の対象になり、あたかも農全体を覆いつくし、農業が農そのもののように思いこまれていっただけの話である。したがって、これからはGDPのごく一部を生み出す農業ではなく、もっと大きな「農」を思考の対象としたい。

②「農」の評価を、生産物の価値だけで、はかることをしない。

農産物の価格だけで、農の価値を決めてきたから、儲かる分野が栄えて、儲からない分野は衰えていく。まして、一銭にもならない自然環境など、生産の犠牲になるのがあたりまえになってしまった。人間が暮らしていく場、環境を整えていく場、人と人、人と自然の関係を深めていく場（文化）を豊かにしていくためには、カネにならないモノやコトを評価していくことが、いま何より重要だ。農業の衰退は、こうしたモノやコトを評価してこなかったから、つまり農の全容を表現してこなかったからである。

③「公」から出発するのではなく、「私」から出発する。

「農」が生み出す私的な「めぐみ」を正当に表現すれば、それは私益にとどまらずに、むしろ「公益」だと言いうることに気づくだろう。家の前を流れる水路の水やホタルは、田んぼで生まれ数十キロメートルも移動する赤トンボは、自分だけのタカラモノだけではない。公から出発しなくても、私から出発しても、公になる論理を打ち出すのだ。それを、住民の（国民の）タカラモノとして、認知し、評価し、支援していくしくみをつくりたい。これほど、カネにならない豊かなモノやコトを生み出している仕事が、百姓仕事の他にあろうか。

④自然に向き合い仕事をする人間の「実感」を判断の根拠に採用する。

なぜ「実感」を表現することが、大切なのだろうか。それは、いままでほとんど表現されてこなかったからだ。そんなもの、その人の「ひとりごと」で十分だと扱われてきた。しかし実感には生きる場が、濃密に投影されている。「環境」などは、生きる場と無縁には語れないし、語るべきではないものだ。

たしかに、実感とか経験は、とかく独りよがりに陥りがちだ。自分の経験や実感で、他人の田んぼや、主張を判断するのはやむを得ないとしても、人に押しつけるのは困りものだ。表現の基盤として、生かし続ければいいのだ。しかし「科学」だって、相当独りよがりだし、誤りも多い。誤ったときの、被害程度は経験の段ではないことは指摘しておこう。

⑤普遍性より、個別性を重視する。普遍性の名の下に、個性を切り捨てない。
ここで、一つの疑問にはあらかじめ答えておいた方がいいだろう。「そんな個人の実感から出発していくなら、同じ対象に対して、一〇〇人いれば、一〇〇通りの実感が存在するではないか。それでは収拾がとれなくなるではないか」というのは、人間不在の真理を追究する古い科学に染まった価値観だ。普遍性などを求めようとするから、実感がやせていく。近代化の塩漬けになるのだ。

普遍的な技術などというものは、生きる場と切り離したときにのみ成り立つ「程度の」技術だ。「新しい思想」には、普遍性など、なくていいし、求める必要もない。ただ、その人の生きる場の、人生を投影した「まなざし」があるだけなのだ。それが人の心を感動させるかどうかを、問えばいい。とは言っても、共通するところはいっぱいあるはずだ。それを集めて普遍性に対抗すればよい。

5章 農のすべての表現へ

すずしい風がふいてきて、ぼくは連れ去られる
濃密ないぶきのなかで、手をひかれていく
なんども、なんどもうなづき
そうなんだ
いつでも待っていたもの
いつでもうたっていたもの

環境の本質

「環境」って何?

あらためて「農薬を減らすと、ほんとうに環境がよくなるんですか」と問われてみると、百姓はみな返答に困るはずだ。「環境」とは何を意味するかが、具体的にわかっていないからだ。「うーん、農薬減らすと、残留はなくなるし……」「それは、食べもののことでしょう。環境の方は?」「うーん、安全な食べものが生産される圃場は、環境もいいと言えるのではないでしょうか。」なかなか歯切れが悪い。

「いや、農薬減らしたら、赤トンボやクモが増えてきたよ」と言う人間がいても、「ほんとうに、農薬のせいですか。ちゃんとしたデータや、根拠を示せますか」と突っ込まれると、困る。もともと、農薬や化学肥料を使う前に、あるいは圃場整備をする前に、どういう「環境」がそこにあったのか、科学的なデータはほとんどない。

おかしなことに、「農業は環境にやさしい産業である」と言いながら、農業が守り、育て、生みだしている「環境」の実体は把握されていないのだ。こんなことって、ほんとうにあり? そう言いたくもなる。だから、今からの百姓の「環境」への取組みは、大変なんだ。

先日ある有名な昆虫学者が「安全な食べものを求める消費者は、自分だけ安全なものを食べたいと思っているエゴイストだ」と発言していたが、こういう言い分に有効に反論できないでいるのが、この国の農学だ。

あたりまえすぎて、タダであるもの

でもどうして、環境は把握されていないのだろうか。ためしに百姓に尋ねてみるといい。「あなたの田んぼに、オタマジャクシはどれくらいいますか。赤トンボは何匹生まれていますか」と。間違いなく、怪訝な顔をされるだろう。「馬鹿を言うな。趣味で、百姓してるんじゃないぞ。」「そうでしょうね。そんなヒマはないでしょうね」と引き下がるほかない。「環境」とはその程度の受けとめ方しかされてこなかったのだ。なぜなら、

①あまりにも、あたりまえに存在するものだったからである。しかも

②カネにならない、農業経営に寄与しないものだったからである（決して、価値がない、とは思われていなかった、ことは覚えておいた方がいい）。また

③これらの環境は「農業生産」とは無縁のものだと思われていたからである。

④科学で把握する習慣がなかったからである。もちろん経験では濃密に実感されていたが、それを表明する公的な場がなかったのだ。

「負荷」論の登場

こういう情況に対して、農政がはじめて対策を考えたのが「環境保全型農業」だった。「環境保全型農業」は環境への負荷の少ない農業だそうである。うーんそうだろうか。ともかく環境への負荷を減らさないことには、「農業は環境にやさしい産業」とは言いにくいというわけだ。たしかに農薬や化学肥料は環境への影響が大きい。だからといって、農業からの環境への「負荷」を全部悪者にするのは待ってほしい。

農業からの負荷が悪いのではない。環境への「負荷」の質が変わったから悪いのである。「かつては環境への『負荷』が、環境を豊かにしていたんだ」と言うと、変な顔をする人が多いかもしれない。メダカが田んぼに遡ってくるのは、田んぼからの負荷が水路にかかっていたからである。田植えが終わって、田から流れ出るプランクトンをたっぷり含んだ温まった濁り水に誘われて、ドジョウやフナやナマズやメダカが田んぼに遡上して来て、産卵する。それを、環境への負荷をかけるのはまずい、と言って排水を止めたら、魚は田んぼに入ってこないから激減する。そういう意味で「負荷」は非難されることではなかった。農業が環境に負荷を与えるのは当然である。むしろ負荷を与えた方がよかった時代が永く続いたあとで、負荷の質が転換したのである。しかし、以前の負荷も現在の負荷もその実体は十分把握されていない。だから、どういう減らし方をしたらいいのかがわからない。とりあえず、農薬や化学肥料の「負荷」を減らすところから始めよう、と言うわけだ。

負荷ではなく、広く深い生産へ

環境への「負荷を軽減する」程度の考え方では、せいぜい農薬や化学肥料を減らすというぐらいの発想しか出てくるはずがない（なお、負荷論でもう一つ指摘されてもいい石油エネルギーの削減が議論に上らないのは、奇妙なことだ）。農水省の唱える「環境保全型農業」が「環境」という言葉を採用しながらも、環境の豊かさを目標に掲げることができないでいる原因は「負荷論」にある。

この「負荷を減らす」という考え方は、工場の公害を防止する考えから出てきたものだ。もともと被害防止の論理なのだ。農業に適用する方がおかしい。負荷論では、赤トンボや田んぼで生まれる涼しい風や彼岸花の風景をとりこめないのは当然だ。むしろ「負荷の質」を問題にすることによって、負荷論も新しい展開が可能なのだ。

負荷を減らす程度の技術を探るのではなく、「生産」を広く深く、豊かにする方法を考えたい。農業のほんとうの価値は、狭い「生産」論では、一〇％も表現できていないのではないだろうか。新しい生産の定義こそ、時代を切り開いていくことをぼくたちの「農と自然の研究所」は証明したい。

多面的機能論の登場

水田の多面的機能は「六兆円」

さて負荷論の展開が止まっているうちに、別のところから「多面的機能」論が登場してしまう。「多面的機能」論では、何でも対象にすることができる。やっと、「農業が」生み出すカエルや風景や祭りや畦の花を扱える理論が登場したように見えた。しかも多面的機能は「外部経済論」をとりこみ、その価値は水田では国全体で六兆円になるという表現のされ方にまでたどり着く。これは重要な転換であった。それまでは農業の価値は「生産物」の価値で測られ評価されてきた。それを、はじめて「非生産物」まで広げようとしたのだ（しかし、それなら一人一人の百姓の田畑や山林の環境便益を計算し

水路
手入れしなければ、役にたたなくなる小川と水口。

たらいいようなものだが、それはやらせない。ぼくは一九九六年にやってみたが、納得した。あまりにも実感とほど遠い計算式なのだ。それはそうだろう。本来カネにならないものをカネに換算するのだから、無理がでるのは当然だ。だから、この六兆円、一〇アールあたりぼくが計算した福岡県前原市でいえば二六万円は、単なる数字のまま、宙ぶらりんだ)。

ともかく、この「多面的機能」論は百姓に突然のように提供された。WTO交渉の日本側の切り札としてもよく言及されている。百姓までもが、あらたまった場では「日本の農業には多面的機能があるので、農産物の自由貿易には反対である」という言い方をするようになった(必ずしも、野菜や果物や畜産物の輸入反対の論拠になり切っていないことに注意しておいてほしい。水田以外の多面的機能の表現はまだま

水の都

田植えが終わり、水びたしの平野の中を人が通う。

だなのだ)。ここに至って、しょせん「多面的機能」は役人の世界の言葉さ、ということではすまされなくなっている。

多面的機能は単なる結果か

そこで百姓に尋ねてみるといい。「田んぼの多面的機能は何ですか」と。まちがいなく「洪水防止」「水源涵養」「風景形成」などという言葉が返ってくるだろう。そこでさらに畳みかけてみたらどうだろうか。「そのことを誰かに、自慢したことがありますか」と。たぶん、それでも胸を張って、主張する百姓はほとんどいないだろう。「うちの田んぼで、洪水が防止されています」「うちの田んぼではメダカが産卵しています」などと言おうものなら、「おい、おい、それは結果として、そうなっただけで、意識的に洪水を防いだり、メダカを育てているわけではないだろう。えらそうに言うな」と言われるにちがいない。これが多面的機能論の最大の欠陥だ。

この多面的機能の使用法が、「農業の多面的機能」「水田の多面的機能」という使い方はされるが、決して「農作業の多面的機能」「百姓仕事の多面的機能」などとは使われない理由がここにある。百姓は意識的にこれらの機能が発揮されるように仕事をしているわけではない。言葉を換えれば、これらの機能は農業技術の中に含まれていない。洪水を防止する技術も、メダカを育てる技術も、現行の稲作技術には組み込まれていない。意識していないものを、仕事としていないものを、どうして胸を張って自慢できるだろうか。どうして誇りにすることができるだろうか(じつは「農家のくらしの多面的機能」という理論展開も可能だが、どういうわけか積み残されている）。

多面的機能は存在しない

その多面的機能を単なる機能ではなく、百姓仕事の中に取り込んでいくことはできないのだろうか。技術化することはできないのだろうか。

現時点では多面的機能は概念としてしか、存在しないどころか、極論すれば、そんなもの実際には存在しない、と言うこともできる。やってみようか。

①よく引き合いに出される水田の「洪水防止機能」は、稲作技術には入ってない。雨のひどい日には、百姓は田に水を張らないようにしている。それは稲と田を守るためである。田の水口を落として、できるだけ水を早く排出するようにするのが技術だ。畦の決壊を防ぎ、また稲を冠水させないためである（そうは言っても、結果的に水はたまり、洪水が防止されるだけのこと）。

②「水質浄化機能」は、ほとんど冗談としか思えない。田は水の中の養分を、できるだけ稲に吸収させるように水管理されてきた。水は養分を溶かし込み、集める、いわば田んぼの手足であって、水質を浄化するというような発想は全く存在しなかった。まして、除草剤で草を排除する近代化技術によって、「浄化機能」は低下するばかりである。除草剤による水質汚染・土壌汚染はダイオキシン含有除草剤CNPによって、全国に広がっていることが明らかになっている。

またかつては、水田から流れ出る「負荷（＝汚染?）」によって、水系は豊かになっていた側面もあったことを見落としてはならない。

③「水源涵養機能」も技術化されてはいない。水田が水を、大事に大事に繰り返し繰り返し、使い続けてきたのは、水が足りないからである。かなり無理して、開田したからでもある。たしかに田植えが終わると、井戸の水位は上昇する。しかし、百姓に水源を涵養しようという気はさらさらない。田植え後川の流量がいかに極端に減ってしまうかを思い浮かべるといい。

④「生きものを育てる機能」ぐらいは技術化されてもよさそうだが（現に福岡県糸島地域などでは先駆的な事例が現れているが）、ほとんど手つかずである。現在の稲作技術に、オタマジャクシやメダカやトンボのヤゴやゲンゴロウやホタルを殺さないようにする水管理の技術はどこにもない。農薬散布技術も減農薬運動による「虫見板」の登場以前は、害虫排除一辺倒だったし、いわゆる「農業生物」の実態は、ほとんどつかめていない。百姓の半数が、赤トンボが水田で生まれているのを知らないという象徴的な実態を思い浮かべるといい。

用水路も排水路も地下に埋め込む圃場整備を見ると、生きもののことなどまったく考えることもできない農業工学と農政の「思想」を実感できて、鳥肌がたつ。

⑤「風景を形成する機能」は実感しやすい機能なのに、技術に組み込まれることはなかった。未だに畦草刈りの労働はコストを引き上げていると、目の敵にされている。コンクリート畦畔を理想とするような近代化思想から、棚田を愛する心が育つはずはないだろう。畦草切りが、水田生態系の維持にどれほど大きな役割を果たしているのかを、急いで解明せねばならない。

多面的機能が技術化されなかったわけ

それではなぜ、現在の稲作技術はこうした「多面的機能」を発揮させるような構造を持ち合わせていないのだろうか。じつは、こうした「多面的機能」は、生産の足を引っ張るものだ。つまり前述の多面的機能のどこが、生産性向上の障害になっているかと言うと、①水を貯めすぎると、稲の生育が悪くなる。②水質をよくするために肥料を減らすと、稲の生育が悪くなる。③地下水を増やすために土の透水性が増すと、稲の生育が悪くなる。④田植え後の生きものを守ろうとして、水を貯めっぱなしにすると、稲の生育が悪くなる。⑤しっかり、頻繁に田んぼに足を運ぶようになると、稲作の労働生産性は低下する、という構造になっている。

つまり新・農業基本法が言う「多面的機能」はいままで意図的に、近代化技術によって、視野の外に追いやられていたと言うべきだ。ここに多面的機能が技術化されていない原因がある。稲の生産性より「環境（新しい公益）＝多面的機能」を重視しようとするなら、そのための農業技術と、そのための農業政策が必要なんだ。だから「生産」の定義を変えようと言っているのだ。

ところが、「多面的機能」の本質は、別のところにちゃんとあったのだ。次にそのことを考えてみよう。

機能ではなく、めぐみへ

多面的機能は別のところにあった

「多面的機能」や「公益的機能」と呼ばれる考え方は、百姓仕事の中から出てきた思想ではない。その証拠に、いわゆる公益的機能を守る技術は、現代の稲作技術にないことは前述した。じつは、もっと大切なことがある。百姓は決して、こうした機能を「公益」だと思っていない、ということである。なぜなら、これも前述したとおり、百姓にとって長い間、「公益」とは「生産をあげる」ことでしかなかった。「国民に食糧を供給するために、日本農業はある」と言われ続けてきた。そのためには生産に寄与しないものは犠牲にせざるをえなかった（言うまでもなく、百姓は決して国民や国家のために百姓し続けてきたのではなかった）。ところが現在「公益」だと言われ始めたものは、かつては「私益」として、かえりみられなかったものばかりである。夏の熱い日差しを避けるために植えた緑樹（私益）や、ホタルが交尾しやすいようにと残した小川の横の茂み（私益）は、生産効率を上げるための圃場整備の邪魔になるといって、伐られてしまった。今になって都会からやって来た人にも木陰を提供するとか、ビオトープには茂みが必要だ、などと言われても困る、というのが本音なのである。

いつから、どういう理由で「私益」は、「公益」に格上げされたのだろうか。釈然としないままである。個人的な（地域のと言ってもいい）思いで支えられてきたものを評価することもなく、こっそり「公益」にしてしまう論理は卑怯だ。深い反省と後悔もないまま、世の中はいつの間にか、確実に変化してきたようだ。

しかし、行政はともあれ、百姓にとっては、カネにならないモノ、つまり「私益」の大切さは身をもってわかっていた。「公益的機能」などと難しく言うから、つい百姓も借り物の言葉で、「洪水防止」「水源涵養」「大気浄化」「生物育成」「保健保養」などと表現してしまう。自分の言葉でないから、説得力に欠ける。そこで発想を変えて、「それでは、あなたが百姓していて、いつも感じている〝めぐみ〟とは何ですか」と尋ねてみるといい。言葉はとめどなく湧いてくる。「田の草取りをして、ふと顔を上げると、赤トンボが、集まって来てね、私のまわ

畦塗り
畦塗りが畦を高くし、しかも水漏れを防ぎ、草を抑える。

りを舞うのには、感激するね」「畦草刈りを終え、棚田の一番上の畦に腰掛けて、見下ろすときは、繰り返し繰り返し、田をつくってきた先祖からの時間の流れにジンとくるな」「家の前の水路で、子どもたちがメダカやフナをとっているのを眺めるのはいいもんだ」という具合だ。でも、こうした実感は自己満足の、きわめて個人的な感慨に過ぎなかった。しかもこうした「私益」が身近な地域を支えていることは、当たり前すぎて、公言する必要のないものだった。

でも「私益」だったからこそ守られたということに気づく人がいるだろうか。

「めぐみ」をもういちど公的な場に

たしかに「機能」ではなく、めぐみとして百姓は感じてきた。だからカネにならなくても、どうにか維持されてきた。しかし近代化社会はこうしためぐみを、①めぐみとして感じる感性を衰えさせてきた。百姓もあまりに「あたりまえのこと」だから、あえて表現し、評価を求めたりはしなかった。したがって、②こうした「めぐみ」は、「公的」なものから追い出され、「私的」なものへおしこめられてしまった。もともとこうしためぐみは、そこに住む人間にとっては、地域全体の「公益」であった。だからこそ、守られてきたのだが、近代化によって、カネにならないものは、公益からすべり落ちていった。つまり、みんなが無意識のうちに認めていた価値を、そのまま守ることも近代化して別の形にして守ることもできなかった。

どうしたらもういちど、このような「めぐみ」を公的なものとして認知させることができるだろうか。「多面的機能論」では何も答えることはできない。

機能ではなく、仕事だ

遠い仕事をもういちど

そこで、目先のことしか考えない近代化技術に対して「遠い仕事」という考え方を提案しよう。「遠い仕事」は、近代化精神では理解できない。延々と何キロも水路を掘削して水を引き、田を開いた先祖は、その年の収穫のために頑張ったのではない。永くめぐみが続くから頑張れた。楽しみだった。また洪水防止機能は現代の稲作技術には存在しないが、畦の手入れという遠い仕事があるからこそ、水は思いの通りためられる。畦塗りで畦を高くすることもその証拠だろう。あるいは風景形成機能は、現行の稲作技術には含まれていないが、遠い仕事には確実に存在している。「そりゃあ、畦には除草剤を散布した方がどれほど楽か、どれほどコストの削減になるか、と考えないこともない。しかし、あの除草剤で立ち枯れした風景はみっともない」と言う百姓も少なくない。この「みっともない」という感覚は、決して世間体ではない。自分の百姓仕事が、自分の気持ちが、自分でみっともないのだ。百姓の矜持、誇りと言ってもいい。

ここには「遠い仕事」が見事に残っている。百姓仕事の矜持（美意識でもある）によって、畦草

キンポウゲ
春になるとキンポウゲが咲き乱れ黄金色に染まる畦。

ネジバナ
畦草刈りするから、ネジバナも咲く。

切りという仕事と風景が守られる。決して「機能」で守られはしない。目先の利益だけを考えるなら、除草剤を散布する技術を選択すればいいのだ。近代化技術はこのように実に短い。短い技術は「多面的機能」を抱きかかえることができない。でも、遠い仕事ではそれができる。仕事を抜きに何が語れるだろうか。

近代化技術が成功したのは、その基礎に近代化できない遠い仕事があったからだという構造がわかってもらえただろうか。遠い仕事は、マニュアル化できない技術が核にあった。一方指導員が指導できるのは、マニュアル化できる技術でしかない。

とかく従来の議論は、近代化か、反近代化かという二者択一論が横行してきた。こうなると近代化に軍配が上がるのは当然だろう。近代化は前近代を土台にしている。だから「遠い仕事」とは近代化されにくい仕事と言い換えてもいいのだ。ここから人間の仕事をもう一度考えていこうと思うのだ。

生産の本質

かつては、生産することによって（百姓仕事によって）、同時に豊かな「自然」が形成されていた。かつては、生産することによって（百姓仕事によって）生産の土台が破壊されることはなかった。「自然環境」という土台を犠牲にして、生産を上げることはなかった。しかし、問題が深刻なのは、その構造を誰も認識できなかったことだ。だから「自然」が自給されている構造が、未だに解明されていない。だから未だに、近代化技術が自然環境を破壊せざるをえない構造が見えていない。赤トンボはなぜ水田で生まれているのか、稲作技術はその事実すら照らせない。

かつては生産の手段と技術も、村の中で自給されていた。自給を否定する論理に、技術は反撃できていた。種子も肥料も農具も農法も自給されていた。今はできない。農業の近代化は、「技能」としての技術を、マニュアル化できる（科学で分析できる）技術とそうでない土台の技術に分断し、マニュアル化できる「科学的な技術」を外部から提供するシステムをつくりあげた。土台の技術のカネにならない豊かさを捨て去ることによって、生産効率を上げてきた。でも、幸いなことに土台の技術に依拠する遠い仕事は、まだまだ残っている。ここに自給の復活の根拠地が残っていると言うべきだろう。

自給の論理と、農業の近代化思想は矛盾する。個々の自給は、カネにならなくても、効率が悪くても、経済的に損であっても、維持されてきた。一方、農業の近代化は平気で、経済効果のあがらない自給を、切り捨ててきた。いまでは農業の自給部門は「趣味」とか「ホビー」などと馬鹿にされている。ところが一転、国家レベルの話になると、自給と近代化が同じ論理になってしまう。国家の自給率を上げるためには、輸入食料に負けないぐらいさらにコストを下げて、生産を近代化するのだと言うのだ。このペテンを誰も指摘しない。家の自給と国家の自給は、別の論理に立つ。それを同じものにすることは、近代化の軍門に下ることではないか。つまり、家族の食卓の自給と、日本という国家の自給は世界が違う。しかし、食卓の自給を取り戻さなければ、国家の自給率は上がらない。この二重の矛盾を解決する思想もまた形成されていない。

たとえば、この国の水田が生産効率が悪いと近代化主義者に言われながら、耕作されてきたのは、自給の精神が根底にあるからである。「買った方が安いのに」「そんな暇があったら、稼ぎに出たがいい」と言われながら、ゴマを、唐辛子を、ジャガイモを、卵を、米を、小麦粉を自給してきたのは、そこに人生があったからだ。経済効率とは関係ない人生を生きようという何かがあったからだ。そしてその何かは、仕事＝労働に根ざしていた。そのことだけは確かだ。

じつは自給のことを考えるということは、このように「近代化」と「科学」と「経済」を、問いつめることなのだ。このことをさらにもっと、深く考えてみよう。

生産と自然

自然環境を生み出す技術はなぜ、なくなったのか。田んぼで平家ボタルが生まれていた。いまはいない。そりゃあ、田んぼが乾田化したからさ、そりゃあ、農薬散布したからさ、とみんなは言う。そうだろうか。単に手段や技術が変わったからだろうか。ちがう。稲作技術がホタルや、トンボやメダカを育てていたのは事実だ。しかし、その「技術」は、いまみんなが言う「技術」とは、かなりちがう。メダカを育てる技術は、見えない技術だ。「近代化」は、ほんとうはそんなものを「技術」とは思っていないのだ。

「技術」ではなく、「機能」だと表現されると、ぴったりくるような気になる。いわゆる「多面的機能」という概念の思想的ペテンがここにあるのに、見抜ける人はいない。「機能」は人間がいないところでも、発揮される。赤トンボは田んぼで生まれている、だから田んぼの多面的「機能」の一つである、と言う。馬鹿を言ってほしくない。百姓がいない田んぼで、赤トンボが生まれるものか。そもそも人間が仕事しない田んぼなんて、田んぼじゃない。百姓がそこで、仕事するから、赤トンボは生まれ、寄ってくる。それを平気で「機能」と呼ぶ鈍感さは、近代化精神のもっとも醜い側面だろう。「機能」と仕事の間に、「技術」が宙ぶらりんのままさまよっているのが、現代の思想風景だろう。しかし、百姓は自らの労働によって、ホタルが生まれていることを自覚していないとなると、外部からそれは単なる「機能」だと呼ばれても、反論できない。

こういう状況では、なぜこの田んぼでは、カエルやトンボが多いのか、あるいは少ないのかが、わからなくなる。カエルやトンボの多い少ないは、田植え後二〇日間の百姓の水のかけひきという仕事の内容に左右されることがわからないのだ。つまり近代化稲作技術は、カエルやトンボを視野に入れることがなかったばかりか、田植え後の水管理という技術を貧困で一面的なものにしてしまった。そしてそのことに気づかないで、環境保全の必要性を唱える程度の思想からは、新しい技術論は生まれない。

きちんと指摘しておこう。「仕事」がどういうふうに「機能」を生み出すかを把握できないなら「技術」と呼ぶことはできない。田んぼに「多面的機能」があるのではない。田んぼには「多面的機能」を生み出す百姓仕事があるのである。そして自らの仕事によって、赤トンボも生まれていることを自覚するとき、技術が形成される。農薬を減らしたから、除草剤を使わないから、環境の技術が生まれるというようなものではない。

食べものの自給と環境の自給はどこでつながるか

「安くて、安全で、おいしくて、新鮮で、安定供給できるなら、食料は輸入してもいいじゃないですか」という主張に、いままでの農業近代化思想では農家の経済が困るとしか反論できなかった。なぜなら、たとえば米の価値は、カネと栄養でしか表現されてこなかったからだ。「あなたが食べる米粒には、赤トンボの命も含まれている。もしあなたがその米を食べないなら、赤トンボは育つ田を失うのです」と表現する百姓が現れ、都会人にもそういう意識が生まれ始めている。食べものの世界でも、農への新しいまなざしが育ちつつある、ということだ。つまり従来の、単に食べものを生産するという狭い概念の農業観では、農業の基盤が自分たちの生きる場の基盤も支えていることに、国民の視線が届かない。いかに食べものの概念が、狭い世界に限定されてきたかを反省したい。

近代化されたくらしの中で、自然との関係を切ろうにも切れないものがある。食べものだ。消費者たちにとって、食べようによって、環境は守られもすれば、壊されもするということが見えてくるような、食料生産・供給がなされていれば、事態はもっと変わってきたはずだ。

だから自然環境を豊かにする一番簡単な方法は、地元でとれたものを食べることだ。これが「身土不二」だと新しく解釈したい。自給に新しい価値を求めたいのだ。そうした新しいまなざしに、百姓もまた自然環境をタカラモノにする農法を広げることで、応えようとしている。どうやら、人間と自然の関係は、農を通して、新しい次元に踏み出そうとしている。自然環境は他給できない。自給するしかないのだ。

食糧危機になれば、環境は犠牲にせざるを得ない？

食糧危機になれば、メダカやカエルやトンボのことなど、かまっていられないだろう、という声をよく耳にする。この論理も倒錯している。逆にこういう発想が、食糧危機を準備することが自覚されていない。少なくとも、環境を平気で壊し、食糧危機を準備している人たちから言われたくはない。自然環境を踏み台にしていることに鈍感な社会こそが、食糧危機を招いていることがわからないのだろうか。これもまた生産と環境の二者択一論なのだ。メダカやカエルやトンボなどの自然の環境が豊かだからこそ、生産も豊かに持続するという、農の土台が実感できないのだろう。土を肥やすために有機物、ワラや堆肥を、田に入れてやる。その有機物をトビ虫やユスリ蚊が食べる。その排泄物を微生物が食べる。その微生物をプランクトンが食べる。それをヤゴが食べる。ユスリ蚊はオタマジャクシに食べられる。ヤゴをカエルが食べる。カエルは害虫を食べる。カエルをヘビやサギが食べる。ヘビを鷹が食べる。鷹やサギは糞を山に戻す。山からは落ち葉の養分が水に溶けて、田んぼに運ばれる。田んぼには、いろいろな生きものを求めて、いろいろな生きものが集まってくる。メダカやドジョウ、ナマズ、コイ、フナ、そしてタニシ、みな食料だった。畦草は牛や山羊のエサになる。田の中の草や畦草も食べられるものが多い。米粒だけが生産物ではない。その米粒を生み出す田んぼが微生物をはじめとして、様々な生きものによって支えられていることに目を向けたい。さらにそうした自然環境が大きくつながり、循環している輪を断ち切ることが、食糧危機を招いていることに気づきたい。

同じような言いがかりに、「農薬がなくなったら、食糧危機になる」というのもある。これも狭い生産しか射程にできない精神の現れだが、一言つけ加えておこう。最近では田んぼにタニシが増え、水路にシジミもいるのに、農薬がこれらの生きものに濃縮され残留しているために、食べられないでいる現実を直視すれば、本質が見えるだろう。

K

6章 自然をどう評価するか

かたちをなくした「生」が、よどんだ
田のひとすみにくわをうちこみながら
ふかく息をはきながら
よせ、よせ、もうおそいと
でも
書きとめる

なぜ、トンボやメダカや野の花が好きか

何もいない空や川や夜より、いる方がいい

ぼくなんか、ホタルやメダカがいる川の方が、いない川よりいいに決まってると思うけど、そういう価値観は決して時代を超えた普遍的なものではない。その証拠にメダカが減ることがわかっているのに平気でコンクリート三面張りの水路への改修が全国ですすめられてきた。また田んぼで赤トンボやカエルが生まれているのに、それをほめる人はほとんどいない。つまり近代化精神は、ある時期には、こうした生きものに価値を認めることができなくなっていた。その反省がはじまったのはいいことだ。しかし、一時的な生きものの減少の後遺症は、人間の感性の中に残り、いつまでも続くかも知れない。その実例を示してみよう。

> 質問：あなたの家のまわりの水路には、かつてはホタルが乱舞していました。しかし、今はまったくいなくなりました。もし、かつてのように一〇〇メートルに五〇〇匹ぐらい復活できるとすれば、あなたはどれくらい負担してもいいですか。

カネにならない環境を、カネで評価できなかった経済学がやっと手にした手法に、ＣＶＭ法（仮

想市場法）というのがある。この方法を使って、ホタルの価値を決めるために、まずぼくの地域の「環境稲作研究会」のメンバーに質問することにした。

回答を図6–1にグラフ化してみた。回答した百姓によって評価額が極端に違うことに驚いた。何が原因で、評価がこんなに割れるのだろうか。その後の聞き取りで、これは対象への思いの程度が現れていることがわかった。ホタルの群舞を体験していない四〇歳以下の評価額は、極端に低い。せいぜい千円だ。「テレビで見るあのホタルのために、何万円も出す気が知れない」と言うところだろう。ぼくは、ホタルの光に包まれた小川沿いの道を、父の自転車の荷台に乗せられて、夜道を帰った少年の頃の思い出を、いまでも忘れることができない。どうやらこのことは「環境」の価値は実感でとらえないと、

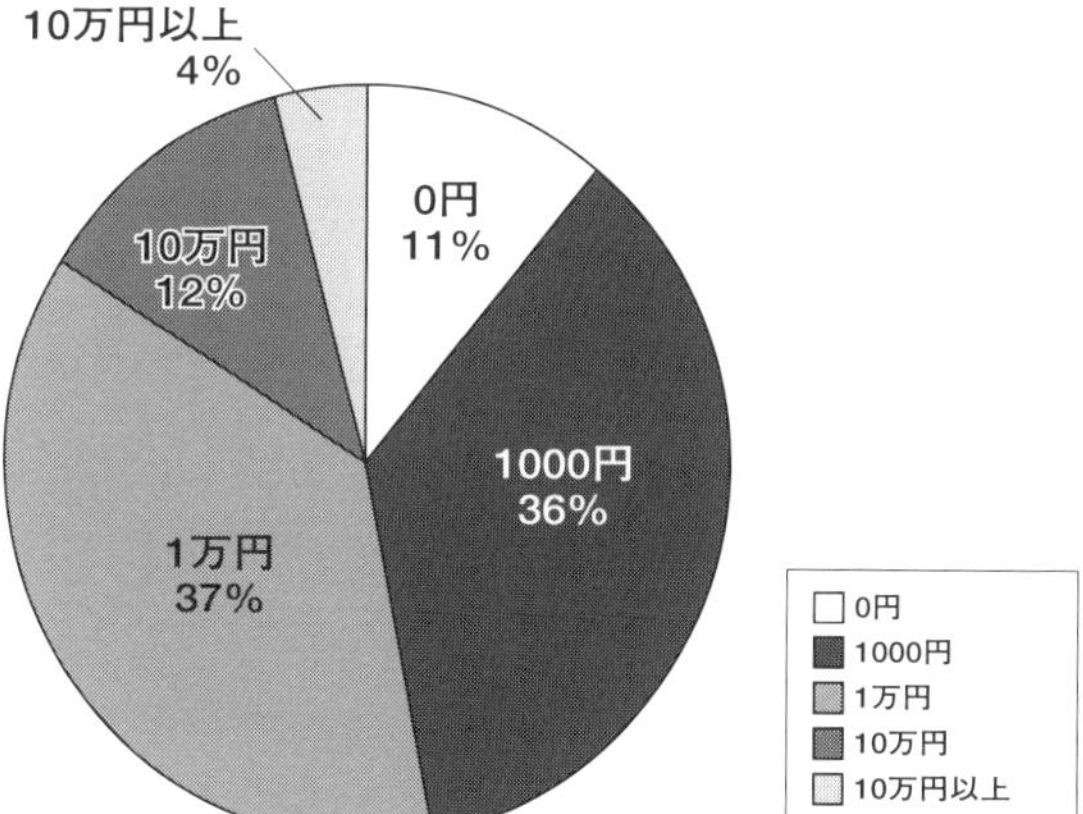

図6-1　ホタルの復活に対する負担

評価できないことを証明している。だから、一方で五〇歳以上の世代のホタル復活への願いは強いものがある。また彼らは同時に、ホタルの復活が簡単ではないことも自覚しているから、いよいよ評価額は高くなる。ぼくなんかは家の前の水路がそうなるなら、一〇万円でも安いものだと思う。

農村でも、ホタルの群舞を知らない世代の方が多くなり、やっとホタル復活運動が各地で起きてきている。稲の技術講習会には四、五人しか集まらない集落で、ホタルの復活のための研修会には二〇、三〇人が集まるのは象徴的な光景だ。このように環境悪化への危機感と、環境復元への期待は高まっているのに、残念なことに肝心の農業技術の中に、自然環境復元の技術が存在しないのが、ぼくは歯がゆいのだ。どうにかしたいのだ。

なぜ、人間は野の花に惹かれるのか

農業大学校で二年ほど、農業を志望する青年たちの相手をしていた時期があった。春の畦の花の名前を調べる授業をしていた。ところが、アザミもヨモギもスミレもタンポポも知らない学生が多い。田舎でくらし成長してきたのに、草花で遊ぶことが少なくなっているのだ。でも楽しそうに花を摘んでいる。

「どうして、人間は花が好きなんですか」と質問してくる学生もいる。ところが当時、ぼくはそれに答えられなかった。名前もわかれば、その草の性質もわかる。しかし、なぜその花に惹かれるかを考えたこともなかった。近代化精神ではその答えが見つからない。

それにしてもなぜ、人は花に惹かれるのだろうか。虫が花に惹かれるのはわかる。花は虫を惹きつけるように、進化してきた。色や香りや蜜が、虫の気を惹くように進化してきたのだろう。虫も花の蜜や花粉を手に入れるために、花の所在に敏感になっていった。レンゲはミツバチが下の花びらにとまると、花の奥が開き、蜜が吸えるようになるし、多くの植物は虫が授粉してくれないと実がならない。お互いいなくては困る関係になっているのだ。しかし、花にとって、人間は何の役に立っているのだろうか。

ぼくはいつのまにか、そういうふうに科学的に考えるようになっている。そういう教育を受け、そういう精神を身につけた。しかし、そのような発想では、そのような科学的な精神からは、答えは見つからない。やっとそのことに気がついた。

ミツバチ

下の花びらにとまると、花が開いて、奥の蜜が吸える。

ぼくは無意識のうちに、虫と人間を区別している。人間も虫も同じ生きものだというのが、日本人の伝統的な自然観だったのに。ヨーロッパでもキリスト教が定着する前はそうだったらしい。事実、神経のつくりは、虫も人間もほとんど変わらない。虫が惹かれるなら人間も惹かれても不思議ではない。しかし、人間は巨大な脳を持つ。何か意味づけをしたがる。そこで、花に惹かれて、いい気持ちになる動物の本性を、タマシイの活性化と意味づけしたに違いない。近代化以前は、日本人はタマシイの実在を感じる感性を持ち合わせていた。いまでも正月になったら、なにかタマシイが蘇生して、すがすがしい気分になるような気がするだろう。それがタマシイを再生させるカミと、カミが戻ってくる正月と盆を考案して、精神生活を豊かにしてきた先人の工夫の名残だ。

子どもの頃、カタバミやスミレやレンゲの花を摘んで遊んだ。庭にいろいろな花を植えた。椋やアケビの実をとった。メダカやドジョウをとった。それが楽しかった。それに惹かれる本能が残っていた。それは、決して無駄なことではない。美しいものは、タマシイを元気にさせてくれる。

古代人も春になると花を摘む習慣があったそうだ。あるいはいまでも春の七草を粥にして、無病息災を願う。春になり、生命力が宿る新芽や花から、衰えるタマシイが力づけられると信じようとしたのだ。そのタマシイが、近代化で見えなくなってきた。それが大人になったいまでも必要なのに、人間は少年や少女の感性をすぐに失っていく。だから、行事として残す工夫をした。ところがその行事も近代化で廃れ、廃れないまでも意味がわからなくなっていく。科学は、それに追い打ちをかける。

自然の意味をあらためて確認する、新しい工夫が求められているのかも知れない。ぼくたちの先祖は、赤トンボを見て、タマシイを揺さぶられた。三木露風の赤トンボの歌で、近代の人間も、まだタマシイの躍動を覚えた。それを「文化」と呼んで保存する知恵をぼくは引き継いで、新しい意味を付加したいのだ。そうしないと、人間の仕事はタマシイを衰えさせるだけの労働になりさがってしまう。

この国の人間の美意識の根っこ

なぜ、都会人も棚田を美しいと思うのか

百姓したこともない、田舎でくらしたこともない都会人が、棚田を見て美しいと言う。タマシイが元気になる思いなのかも知れない。どうしてだろう。ここに、日本人が自然とどのようにつきあってきたかが、見事に象徴的に現れている。棚田の外観上の美しさは、畦の美しさによる。石垣が幾重にも重なり天を目指している風景や、土手の畦のさらに狭く田んぼを重ねていく風景は、自然の風景のように見えながら、人の営為を感じさせる。だから山奥でも淋しくないのだ。安心するし、あたたかさも感じる。無意識に仲間の「仕事」と「人生」を感じているのだ。

もし、あの棚田が畦の草が伸び放題だったらどう感じるだろうか。決して美しいとは感じないだ

ろう。さびしく見苦しいと感じるのは、仕事への思いが根底にある証拠だ。不安になるのは、自然との関係が切れかけていることに気づいているからだ。この国の夏は熱帯よりもはるかに生きものの生命力を感じる。草の伸びる速度は驚異的だ。夏の耕作は草との闘いというのは百姓ならだれでも感じることだ。だから草を切ることは、自然の脅威を押しとどめ、自然と折り合う仕事として、大事な感覚を育ててくれる。住宅地なら、宅地に家も建てられずに草が生い茂っているのは、不安になるはずだ。だから多くの自治体が「草刈り条例」なるものを制定して、手入れを義務づけている。

あるいは日本庭園を思い浮かべるといい。いかにも自然のように見える陰には、草取りや剪定や掃除などの手入れが行われている。日本人は自然への手入れが念入りであればあるほど、

福岡県星野村の棚田

石垣の棚田に架干しの稲を美しいと感じるのはどうしてだろう。

自然が輝くように感じる。それは、決して征服できない自然ではあるが、折り合うことはできる、という経験が知恵になったものだ。だから、この国の美意識のゆくえを、仕事から問わなければならない。この国の自然のゆくえを、百姓仕事から心配しないといけない。

田んぼが生み出した色のイメージ

1 黒い色

黒のイメージがこんなに悪くなったのは、明治時代以降のことだ。葬式に黒い喪服を着るようになったからだ。黒の語源を、だれでも暗闇だと思っているようだが、間違いだ。このことは農の復権のためにも強調しておきたい。黒は「黒い土」を意味する「クリッチ」から来たというのが新しくわかったのだ。黒い土を顔料・染料に使っていたときの、色として定着したと言う（大野晋さんの話による）。

百姓なら誰でもわかる。土は肥えた土ほど黒い、ということが。この黒の成分は有機物が微生物によって分解してできる「腐植」だからだ。百姓にとって、黒は豊穣のイメージの色だ。開墾したばかりの田畑が、毎年の仕事の積み重ねによって、黒く変わっていく。そのことが、嬉しかったし、誇りだった。その田畑をいまのぼくたち百姓は引き継いでいる。黒は、決して悪いイメージではない。そう言えば南の海の幸を運んでくる海流も「黒潮」と呼ばれているではないか。

2　赤い色

赤の語源は「明るい」「夜明け」であるのは間違いないだろうが、大野晋さんはこうも言っている。赤を表現する言葉には、さらに古い「ニ」があったと言う。「丹」のことである。丹とは「赤い土」をさす。「匂う」というときのニホフは、奈良時代には色が赤いという意味だったそうだ。本居宣長の「しきしまの大和心を人問わば朝日ににほふ山桜花」という歌の「にほふ」は、花の香が匂うのではなく、赤く色づいているという意味だと教えてもらった。そこでまた考えるのだ。赤土の赤は鉄分が酸化した色だ。古くはこの赤い土が染料に使われた。一方鉄分は、稲の根を守る大事な成分だ。いい土に育った稲の根を、刈取りが終わって引き抜くと、赤いのだ。稲が生長していた期間、根に付着していた鉄分が、秋になり乾燥して空気に触れて酸化して赤くなっているのだ。赤もまた、いい土を表す言葉だったというわけだ。

赤い色がめでたい色になったのは、土の色だったというのも原因なのかも知れない。

3　青い色

『古事記』に出てくる色は、四つしかないという。黒、赤、白、青だという。このアヲは染料の藍から来た。「青は藍から出て、藍より青し」というのは、藍染めをした人なら実感できるだろう。発酵した藍の甕につけた生地は、引き上げて空気に触れたとたんに青く輝く。妻が藍染めをしているので、見るたびに感動する。藍は貴重な染料として、栽培されてきた。この色がどれほど人間と植物を結びつけたか知れない。色は、染料はほとんど土から生まれ出たものだった。

論理ではなく、実感で評価する

「実感」の何を表現するのか

自然環境を評価していくためには、仕事を通して、そこでのくらしを通して「実感」でつかみ、表現し、評価していく可能性はないのだろうか。それは「科学」ではないと言われそうだが、科学ではない「学」があってもいいのではないか。友人の内山節さんは「科学でわかることは、科学でわかる程度のことでしかない」と表現していたが、本質をついていてなかなかいい言葉だ。科学でわかることは知れている。科学はわかる分野、取り組みやすい分野だけを科学するものだ。その程度に考えないと、科学の暴走はとめられない。

いまぼくは〝新しい農学〟を構想している。「農学」などと言わなくても、「百姓学」「自然学」でもいいのだが、従来の農学も土台にしたいと考えているから、ついそう言ってしまうのだ。また「学」である必要もないのだが、「学」のすごさもまたわかるので、そう言ってしまうのだ。赤トンボに象徴される自然の意味と価値を、もっと深く広く永く表現し、評価する新しい営みを実現したいのだ。その中心に、百姓仕事と人間の実感をすえたいのだ。科学はそれを支える道具としてみたい。

なぜ「実感」を土台にして、技術を表現することが重要かを考えてみよう。技術はことさら人間の実感を除いた科学で表現されてきた。だから、仕事が表現できない。そこで仕事を表現しようとすると、実感を抜きにはできない、ということだ。近代化が進むにつれて、仕事は語られなくなっていった。カネになる技術だけが語られる。仕事や実感を語ることは、その人の「ひとりごと」で十分だと扱われてきた。しかし、実感には生きる場が、濃密に投影されている。「自然環境」は、生きる場と無縁には語れないし、語るべきではないものだ。

たしかに普遍的な技術のように見えるものは多い。しかし、技術を見ているからそう見えるのだ。その技術を使いこなしている「仕事」を見るがいい。どれほど個性的な経験が、感性が、手入れという形をなして、その技術を取り込んでいるかに気づくだろう。その人間の営為が見えないから、技術だけが暴走することを許してしまうのだ。マニュアル化された仕事が増えていくのが、その証拠だ。

ところで、表現すればそれだけで、〝新しい農学〟になるのだろうか。まとめたり、分析したり、理屈づけをしたりしなければならないのだろうか。表現するだけでは、単なるエッセイではないか、雑文ではないか、と言われるだろう。それでいいとぼくは断言する。たとえば、百人の百通りの実感を、ぼくが「百姓仕事を通してなら、自然はこのように濃密にとらえられていた」と一行でまとめてしまうとする。そのとたんに、肝心の「実感」はするすると消えていってしまう。だがしかし、まとめることができるのなら、理論化できるのなら、ぜひやりたいと思う。ただ、そのしかたは従来の科学と違ったものにならざるをえないだろう。生きる場と離れないような表現法を鍛えていくしかない。それを新しい学と呼びたい。

実感と科学の関係

新しい自然の表現を、仕事を貫く実感を土台にして、必要に応じて科学も利用しながら語りたい。しかし、実感と科学の関係はきちんと整理しておいたがいいだろう。

麦藁を鋤込むために、浅水で代かきする。もちろん入水後、水かさが増えないうちに代かきしなければならない。そうすると耕耘機を押すぼくの素足に、虫たちが登ってくる。「これほどまでに、虫がうろたえているのか」と驚く。入水後しばらくして、しかも深水になると、もう虫たちはあまり登ってこない。すでに畦に待避した後だからだろう。これをデータにとって、虫たちの移動を解明するのが従来の農学だろう（それすらもやられていないが）。しかし、データで表現される世界と、ぼくの足に登ってきた虫の感触でとらえられる代かきのイメージは、決して同じではない。

ところが、実感は科学に比べ、劣っていると位置づけられるようになった。同じような構造が〝新しい農学〟にあってはならない。〝新しい農学〟は、足に登ってくる虫たちにそそぐまなざしを、広げて、深めて、イメージを豊かにしていく力を持つだろう。そうした実感を刺激して、生きる力を強める思想でなくてはならない。

もう一つ例を挙げようか。田植え後一週間め頃の田んぼに行くと実に不愉快な臭いがする。除草剤の臭いだ。除草剤には誤って飲まないように、わざと着臭してあるのだ。「確かにイメージダウンですが、それより誤飲による中毒を防ぐ方が大切です。それが科学者の良心です。」このレベルで科学は閉じられてしまう。この科学のパラダイムでは、田の上を渡る風の価値は捉えることはできない。除草剤に頼りながらも、その臭いに嫌悪感を抱く感性が残っている意味を分析することはできない。また「除草剤を使わずに、無農薬で栽培すればいい話ではないか」という切り捨て方では、この科学者の世界に切り込むこともできない。なぜこの臭いが田んぼにあわないかを実感のレベルで解明して、表現するのが、〝新しい農学〟の世界だ。

外部経済論から、デ・カップリングへの道

自動車の社会的費用

さて、実感の世界を土台にしながら、現在の社会のしくみで、経済で、自然を評価していく方法を考えてみよう。そのヒントをぼくは一人の経済学者からもらった。

一台一〇〇万円（内部経済）の自動車は、街の中を走り回ることによって、一台あたり約一〇〇万円の損害（外部不経済）を与える。排気ガスで喘息患者を増やし、街路樹を枯らしたり、道路を傷めたりする。宇沢弘文さん（文化勲章受章者）は、この費用をはじめて計算したのだ（『自動車の社会的費用』岩波新書）。一九七三年のことだ。環境を相手にすることができなかった経済学が、

外部経済論という武器を手にして、環境を分析しはじめたのだ。このことは農業にとっても、大きな意味を持っていたのに、ぼくも一〇年前までこのことを知らなかった。この自動車が生み出す外部不経済は、自動車会社とか自動車の所有者が負担すべきものだろう。ところがいつの間にか、この費用は税金から負担されている。国民投票をしたわけでもないのに、みんなが納得している。自動車を所持してない人まで、支払っているのに文句は言わない。「国民合意」と言われれば、そうかも知れない。これによって、国民は安く車を購入でき、自動車会社も急成長して、世界のトップレベルにのぼりつめることができたのだ。

この外部経済論を農業に適用するとどうなるだろうか。一反一五万円の米(内部経済)を生産する田んぼは、同時に二六万円の自然環境を生み出している(宇沢流にぼくが試算するとこうなる)。この二六万円の外部経済は(決して外部不経済ではない)誰が負担するのだろうか。誰も負担しなかった。それを百姓も要求することはなかった。国民も意識することなく、タダどりしてきた。一銭も払おうとはしなかった。外部不経済はよく目に見えるのに、外部経済は見えないのが、この国の伝統的な「自然観」であることは、くりかえして強調しておく。こういう議論すら、未だにこの国では行われない。

ところがヨーロッパでは、とっくに農業が生み出す外部経済への評価が行われ、政策として実施されはじめていたのだ。それはデ・カップリングと呼ばれる政策だ。

デ・カップリングの意義

たしかにそれは、農業近代化の弥縫策と言っていいかも知れない。しかし、近代化を軌道修正する一つの答えではあると思う。カネにならないものを、カネで評価することの危険性は、こういう試みをした後でないと見えてこないものだ。最初から怖がってはいけない。ぼくがこのデ・カップリングを日本でもやるべきだと、日本的な「地域分権型デ・カップリング」を提案したのは一九九四年である。そして、二〇〇〇年春からとうとうこの国でも、とりあえず中山間地の傾斜がきつい農地に限って、「直接支払い」が実施されることになった。しかし、議論は不足している。これを農政の大きな柱にするための思想が、ない。

ぼくのデ・カップリングに対する思いを語ろう。デ・カップリングという聞き慣れない思考（政策）を取り入れようとする目的は、この国の政策の変革にある。カネにならないものに、見向きもしなかった農業政策を、カネにならないものに向けさせるための武器にしようというものだ。従来の政策は、生産を振興することによって、あるいは農産物の価格を支持することによって、百姓の所得を確保してきた。つまり生産と所得はくっついて（カップリングして）いた。それを切り離して（デ・カップリングして）、生産が上がらなくても、価格が下がっても、所得が維持できればいいと考えるのだ。たとえば環境を豊かにする農法によって、生産量が減り、生産物の見栄えが悪くて価格が安くなっても、所得を補償できればいい、と考えるのだ。そうした農業への所得補償を、税金で行う価値があると評価されればいいわけだ。

わが家の田

中山間地の傾斜がひどい私の田は、「直接支払い」の対象になった

大切なことは、デ・カップリングを、農業政策の大転換につなげることだ。まず、今まで政策対象と見てこなかったものを対象にするということだ。狭いカネになる生産のためにカネにならないものを軽視する政策をやめさせることだ。もう一つ、霞ヶ関（農水省）で決めて、地方におろすしくみではなく、地域分権型で政策立案（財源も含めて）をするしくみに変えていくことだ。だから、地域からの発想を前面に出す必要があるのだ。市町村は県に、県は農政局へ、農政局は農水本省にお伺いをたてることをやめにしないと、ダメだ。

デ・カップリングの定義

そこで、ぼくはデ・カップリングをこう定義する。「大切なものだけれども、カネにならないがために（生産に直接寄与しないがために）軽視され、見捨てられようとするモノとコトに対して、国民みんなが評価し、支援する政策」だと。もちろん「環境」を評価し守っていく政策は他にもあるだろう。しかし、そこに住む人間の場からの発想をデ・カップリングは実現しやすいと考える。

ところが今年からはじまったこの国のデ・カップリングは、そうした思想をひかえめにしか出さず、もっぱら戦後の農政のツケを全部この政策で解消しようとしている、とすら思える。たとえば条件不利地域だから、平坦地とのコストの差を補填するという発想では、助成金額の算定には利用できようが、いずれ平坦地にもデ・カップリングを広めるときに大きな障害として立ちふさがるだろう。また環境を守るという名目で、ことさら「耕作放棄地」を集落ぐるみで解消することが求められているが、減反政策や後継者不足のツケをこの助成金で解消しようというのは筋違いだろう。

中山間地にとどまらず、この国の全農地に対してデ・カップリングを実施していくためには、百姓仕事がどういうカネにならないものを生み出しているのかを、明確に表現し評価しなければならない。そのことに農政は本格的に取り組むべきだ。そういう仕事をしないなら、これからの農業政策はますます軽くなる。

現在のデ・カップリングの議論を聞いていると、カネとりが目的のような、あるいは西欧の政策の直輸入のような、あるいは地域の住民や百姓の影すら見えない議論ばかりが横行している。つまり、未だに「公」からだけしか発想できない体質が露骨に現れている。「私」から発想し、「公」につないでいく回路が、この国の政治や行政には希薄なのだ。百姓が感じるカネにならない「私益」（めぐみと言ってもいいだろう）こそが、「公益」だという視点で、行政は住民を支援していきたいものだ。

だれが要求し、だれが認めるか

そこで、ぼくが一九九七年に農水省に提言したデ・カップリングの構想を抄録する。今でも十分活用できる具体的な提言だ。この提言は第四回の地方自治研究賞を受賞した。

デ・カップリングは一人一人の百姓仕事の中から、地域でのくらしの中から発想されなければならない。なぜなら、カネにならないけど大切なモノは、個人によって異なるし、地域によって異なるからだ。そういうものを掘り起こし、確認し、表現し、要求できるのは、そこに住む人でないと無理ではないか。住民に負担になっていて、切り捨てられようとしているモノやコトに対して、どういう助成や支援が必要かを議論する場がなければならない。新しい政策はそうやって始めたい。そのために、地域にデ・カップリング委員会を設置する（名称はタカラモノ委員会でも、地域再生協議会でも何でもかまわない）。

この委員会はいわば、農業政策の自治を行う機関である。委員は住民によって選ばれる。非農家であってもかまわない。そこでは、①カネにならない、評価されていない「めぐみ」（社会的共通資本、地域のタカラモノ）を、みんなが出し合う場を設ける。次に、②そうした「めぐみ」がどうなっているのかを、みんなでじっくり考えてみる。そして、(ア)「もう、なくなってしまったけど、取り戻せるなら、そうしたいこと」、(イ)「大事だと思うけど、なかなか守れそうもない。どうにかしたいけど、現状では難しいものだが、支援策があれば可能なもの」、をデ・カップリングの対象として、助成を要求することになる。

当然、どういうものに、デ・カップリングで支援するのかは、百姓以外の住民や国民に説明せねばならない。なぜなら、税金をつぎ込むのだから。さらに、途中経過や結果も、情報公開していく。もちろん当事者が自分の言葉で語るべきだ。

何をデ・カップリングの対象にするか

引き続き「提言書」から、どういうものを、デ・カップリングの支払い対象にするかを引用する。

Ⅰ【非生産分野】

①カネにならない仕事だけれど、大切なモノ。

●こまめな畦草切りへの助成（年間四回以上の分と、畦塗りを労賃補償）

●農道・用水路の管理（草切り、ゴミ拾い、浚渫、補修の労賃を補償）

②豊かな環境を形成する活動への助成

●ホタルやトンボやメダカやドジョウなどを増やそう、守ろうという活動への助成

●減反田を活用したビオトープづくりへの助成

Ⅱ【生産分野】

③生産性が低い農業だけれど、環境を守る価値がある。

●畦草・山草で牛などの家畜を飼う（資源保全費として、生産が成り立つような経費の助成）

●棚田で米をつくる（畦の面積に加算、一枚の面積が狭いほど加算、利用できる農業機械が小さいほど加算）

Ⅲ【生産基盤】

④環境を守っていく圃場整備の工事への助成。

●遊んだり、休んだり、利用したりできる水辺を持った水路の保存や創設工事費

●生き物に配慮した工事への助成（メダカの保全、樹木の保全・植栽、ため池や里山との連携）

⑤生産性の低い農地や里山を守る。

●農地への課税の猶予（貴重な都市地域の農地の再評価になる）

●里山も農地の持続的な生産に欠かせないものであるので、「特別生産緑地」としての助成

⑥定住するために、必要なこと。

●集落活動の維持費助成

●分校や公民館の維持費の助成

●子どもを町に下宿に出すときの奨学金

Ⅳ【くらし】

⑦必要性が薄らいでしまったが、再評価せねばならない大切なモノ。

●落ち葉・枯れ枝を燃料にすることへの助成

⑧身近な環境を大切にするくらし。

●薪で米を炊いていることへの助成

●水車で米をついていることへの助成

⑨地球環境を大切にするくらし。資源循環型の持続社会を支えるくらし。

●味噌や野菜を自給していることへの助成

●生ゴミや下肥を活用していることへの助成

Ⅴ【環境の技術化】

⑩環境を豊かにする技術の研究開発。

●百姓への研究開発費の支出（地域で、自費で、研究している百姓は少なくない）

⑪環境を守るために、生産効率が犠牲になる農業技術。

●水の通し田の作付への助成

●有機農業や環境稲作への助成（無農薬栽培、生きものを守る水管理など）

●草地を活用した放牧（草地の維持管理への助成）

Ⅵ【人間を育てる】

⑫農業体験学校の開設、消費者との交流。

●開設費、交流活動費の助成

●グリーンツーリズムへの助成
⑬新規就農者への生活補償。
●一人二〇〇万円以下の分を補償
●農地の取得、借り上げ助成

これらの新しい行政と政治のしくみをつくるためには、もっともっと地域から、デ・カップリングの要求が、具体的に出てこなければならない。各地での活動に期待したい。

環境をカネにすべきか、どうか？

まず、多くの百姓は、環境をカネで評価することに、環境を守るために助成金をもらうことに、違和感と嫌悪感を抱いている。なぜなら、自然環境を大切にし、守るのは自分や家族のためだからだ。だから対価を求めようとはしない。これは、近代化された社会、カネですべての価値を計ろうとする資本主義社会では、異彩を放っている。この国で、デ・カップリングの議論が低調な理由もここにある。ところが、ここに重大な問題点が隠されていることに気づかねばならない。

百姓は都会人が、無断で畦のツクシを摘むのを、寛大な気持で眺めている。ところが田に入って、セリを摘み始めると、少し穏やかでなくなる。さらに、自分の山でタケノコを掘られると、怒りがこみ上げてくる。ツクシもセリもタケノコもタダである。でも、町の人からタダだと言われると、

「タダじゃないぞ」と言いたくなる。現代の百姓もじつは、ツクシやセリに代表される「自然環境」をタダだと思う感覚と、タダではないと感じる近代化精神の間で、揺れている。

環境をタダだと思う価値観は近代化される前の、日本人の良質な部分だろう。ところが、それを逆手にとって、環境をタダで消費してきた社会があった。そういうしくみに反論しなくてはいけないのに、タダだと思っていたのでは、できない。農業の側から環境問題の解決策をリードしていく論理が出てこないのも当然だ。

さらにやっかいなことに、本来の生産物で評価されたい、生産物をカネにしてこそくらしていきたい、環境への助成金なんかで生活を支えたくない、という気持ちが強い。これこそ、近代化された新しい価値観であることに気づかない。だから環境はカネにしようとしないのに、生産物は平気でカネに換えるではないか。

まずこのことを掘り下げて考えてみよう。近代化されたといっても、まだまだ三〇年前までは、カネではない評価の基準も濃密だった。カネの論理と対抗する価値観も健在だった。「いくら金を積まれても、田畑は手放せない」「ご飯一粒でも残したら、バチがあたる」というような規範が有効だった。カネにならない世界をまだまだ満喫できていた。それが、カネにならないと見向きもされなくなっていったのは、カネへの幻想がふくらみすぎたからだったろう。カネを生み出す効率において劣る百姓仕事の「価値」が落ちていったのは当然だった。バブルがはじけた今でも、しみこんだ体質は変わっていない。

環境をカネにするということは（税金で支援、助成を行うことは）、環境を換金することではなく、その環境を維持し形成していく「仕事」を評価することだ。その評価の尺度として、カネを使うということだ。しかし、従来の仕事の評価法は、生産されたモノ（農産物）に対して、対価のカネを支払うことでしかなかった。同じ仕事が環境を生み出していることを百姓が「実感」するとき、その仕事にカネを支払うことは、支払ってもらうことは、そんなに異常なことではないだろう。そうはいっても、農産物への対価を支払うのは、支払う人に直接の受益があるからだが、「環境」となると、直接の受益者を特定できない場合が多い。したがって、農産物に上乗せするわけにはいかない。産直の農産物の価格が、「安全性」の評価にとどまっており、環境の価値を上乗せした例を聞かない。であれば、税金から支出するのが合意を得られやすいのではないだろうか。つまり、カネにならない「環境」を経済の仕組みに入れないまま（価格に上乗せしないまま）、維持していくためには、百姓の仕事をカネ（税金）で評価するしかない。そのための農業政策が要求され、立案され、実行されないのは、百姓と行政の怠慢だろう。ただ、百姓仕事に税金をつぎ込む合意は、どうしたらできるのだろうか。前近代の潔癖感を大事にしながらも、あえて環境をカネに換える運動論を提唱するのは勇気がいるかもしれない。堕落の危険を常に意識しておかねばなるまい。しかし、カネにすることが目的ではなく、むしろ資本の論理に対抗しながらも、資本主義社会でカネにならない「自然環境」を守っていく試みだと位置づけよう。自然環境に限らず、カネにならないすべてのものを評価する訓練だと考えよう。

7章 新しい表現「田んぼの学校」

こわいのだ
羽音をききながら、だまってしまう人生の
ながさと、ぜいたくさと、はれやかさが
きみたちにつながっていることを
知ったばかりに
アジアの滝がふりそそぐ

何を次代に伝えていくか

新しいスタイルの遊びと学び

「田んぼの学校」は全国各地で、様々に実施されている。「田んぼの学校」と名乗る必要もないし、そう名乗らないものが圧倒的に多いだろう。「学校」という名が嫌いな主催者もいるだろう。でも、大事なことは、田んぼを百姓の仕事以外の「場」にするということだ（そのうちこれも、百姓仕事になってもいいと、ぼくは思うが）。

たとえて言えば、田んぼには、二つの扉がある。同じ田んぼの入り口なのに、新しい方の扉を開けると、違った世界が広がっている。どうしてだろう。古い扉にかかった看板には、「田んぼは米を作る工場」だと書かれているが、そ

都会と水田
かつては憧れた都会から、人は逃げ出し始めている。

んな看板を百姓がかけるはずはない。カネに換えられるものにしか価値を認めない人たちがかけたんだろう。一方、新しい扉には「田んぼの学校」という文字が書かれている。この扉を開けて、見えてくるものはカネにならない大切なものばかりだ。でもどうしてこの扉を開けるとそんな風に見えてくるんだろうか。そのわけは、子どもも大人も、からだ全体で、まず田んぼを実感しようとするからだ。田んぼを経済で見ようとしてないからだ。それは、ぼくたちには難しいことだ。ついカネになる生産に目が行くからだ。それが田んぼの学校では、意識的にできる。百姓もここでは、感性を全開させて、あらためて田んぼを、自分の百姓仕事を見つめ直す時間を持てる。そこでいくつかの工夫が、求められる。

どういうまなざしを持ったらいいか

田んぼの学校では、農業のつらさや、不便さや、悔しさを一面的に教えたくない。各地の「田んぼの学校」の手伝いに行く機会が増えた。よく質問事項をあらかじめまとめさせている場合が多いが、「農業には、どんな苦労がありますか」というのが多すぎる。こういう質問なら、答えは決まっている。「米の消費が少なくなっている。輸入農産物が増えている。減反政策が強化されている。米価が下がっている。後継者がいない。経営が苦しい。過疎化が進んでいる。自然相手で、作柄が不安定だ。炎天下の労働で、つらい。用水の汚染が進んでいる。耕作放棄地が増えてきた」と、話題に事欠かない。「農業をめぐる情勢が厳しい」から同情を求める。あるいは百姓仕事は苦労が多いから農産物に価値がある、と主張するパターンだ。

ぼくは、むしろ農業の優しさや、楽しさや、充実感や、安らぎを伝えたい。こう言うと、「それじゃ、農業のきびしさは伝わらない」と反論される。思えば「厳しい現実」ばかりを伝え続けて四〇年、何が変わったというのだろうか。農業はカネにならないと嘆くことでは、何も解決できないのだ。なぜなら、近代化を進めると、どこか弱いところにしわ寄せがいくのは当然なのだ。それが資本主義というものだろう。農業だけが、経済的に厳しいのではない。消滅していった産業はいっぱいある。

カネにならないことを嘆くのではなく、そういうしくみをつくり変えていく準備を、次代の人間とともにするのだ。カネでしか評価できない近代化社会の、土台を崩し始める「鍬」を出荷するのだ。その「鍬」とは、今まで伝えてこなかったことの一切である。この鍬がなかったから、農業の世界は半分も伝わらなかった、と考えてはどうだろうか。そのためには、生産という現象の土台にあるモノ、カネにならないコトに目を向けるのだ。この鍬で、実感として感じている「農」からの「めぐみ」を掘り起こすといい。自分だけのめぐみ、つまり私益と感じていることが、実は公益だったということに思い当たるだろう。そうした自然を支えるしくみこそ、次代に引き継ぐ価値があると、時代に認めさせていくために、「田んぼの学校」を開校するのだ。

田んぼからのカネにならない「めぐみ」は、この本の中でもかなり紹介した。理屈よりも、百姓が実感で感じとる世界が、意外なほど子どもたちにも伝わるものだ。ここに農の底力を見る思いだ。

朝日に輝く田んぼいっぱいのクモの巣、昼には稲の香にむせる空気の濃さ、夕焼けの空に舞い飛ぶ赤トンボの群に感じる懐かしさ、夜には家路を急ぐときのホタルの輝きの繊細さ、これらの世界こそ、百姓仕事の結果として表現され、この国の人間の心に根を伸ばすべきだ。そのことを伝えなくては、人間がなぜ「仕事」によって生きていけるのかの本質を、子どもたちがつかむチャンスは失われることになる。だから生産よりも、その土台になっている「めぐみ」を生み出す「仕事」を具体的に伝えたい。相手が「感じとる」ように伝えたい。

これからは百姓が、自然環境の「先生」として、子どもの前に立つ時代が来るに違いない。だが、まだまだ気づいてない百姓も多いし、国民にも自覚が足りない。だから表現せねばならない世界は山積みされている。その山を一つ一つ切り崩していく「鍬」を、ぼくたちの「農と自然の研究所」は出荷していく。

実感できなければ何になる

このごろ小学校や中学校の先生から相談を受ける。「農業の教え方に迷っている」と。たしかに統計数値で表せる世界や、技術を伝える本はいくらでもある。しかしこれらのテキストには大事なことがすっぽりと欠け落ちている。それは当然だろう。なぜなら、ぼくたちが経済発展のなかで、軽んじ、忘れてきたモノだからだ。それは人間の感性であり、カネにならないものの数々である。たとえば赤トンボを育てる百姓仕事のことである。「田んぼの学校」はそれを伝えようと発想された。

都会から田植えにやってきて、素足で田んぼに入った子どもがこう言った。「どうして、田んぼには石ころがないの。」そんなの当たり前だ、と言いかけて、ハッとした。こうした感性が子どもたちには残っているのに、それに応えるような環境教育や農業教育があっただろうか。田んぼの石ころは、一年や一〇年でなくなったわけではない。ひょっとすると何百年の時間が詰まっている。何百回かの百姓仕事が積み重なっている。それを伝えるチャンスがここにある。それを足の裏の素肌の感触で受け止めようとしている子どもたちがここにいる。でもみすみすぼくたちはそのチャンスを見過ごしてきた。

田んぼの学校で、子どもがこう言う。「田んぼの土は、表面はあたたかいけど、下の方は冷たい」「八月になると、稲の葉が痛くなる。」当たり前で見失っていたものを、子どもは教えてくれる。オタマジャクシ、水カマキリ、ゲンゴロウ、ヤゴなどを、嬉々として追う子どもたちを見ていると、近代化が失ったものを実感できる。ぼくたちが子どもたちに教えながら、もっと深い事象を子どもたちから教えられている自分に気づくことが多い。子どもたちは十分には、近代化されていない。

田んぼの涼しい風

久々に友人の百姓から、腑に落ちるような話を聞いた。数年前に福岡市では、雨が少なく、水不足になってしまった。困り果てた市役所は、百姓をどうにか説得して、田んぼを休耕してもらい、

朝露
葉の朝露が多いほど、百姓は稲が元気だと感じる。

ウリカワの花
田んぼの雑草の花はきれいなものが多い。

田んぼにかけるはずの農業用水を、生活用水に転用した。そのことはぼくも知っていたが、その後意外な展開が待っていたのだ。真夏になると、田んぼのまわりの住宅の人たちから、その友人に苦情が殺到したと言うのだ。どういう苦情だったかというと、「風が暑くてやりきれない。やっぱり田んぼをつくってほしい」というものだった。窓を開けても、いつもの涼しい風は入ってこない。散歩していても、田んぼの緑はないし、水も流れていない。暑苦しさがつのるばかりだと。田んぼがあるのと、ないのでは、こんなに環境が変わるのかと、みんな実感したと言う。

友人も驚いた。田んぼでの仕事は、畑で仕事するのに比べて、はるかに涼しいことぐらい、百姓ならみんなわかっている。でもそれは自分だけが感じる〝めぐみ〟だと思ってきた。自分の経験として、人に語る価値があるとは思えなかった。それが、その地域に住むみんなの〝めぐみ〟だなんて、はじめて友人は自覚したのだ。田んぼをつくりつづけてきたかいが、あったというものだ。

田舎に住んでいれば、朝に田んぼの横を通ることがあるだろう。稲の葉の先に、小さな水滴がきらきら輝いていて、まるで星空みたいにも見える。あれは、稲が田んぼから吸い上げた水を、空気中に吐き出しているわけだ。日がのぼり、温度が上がると、水滴は空気中に蒸発していく。その時に稲の葉は冷やされる。そして、その上を吹く風もまた、涼しくなるというわけだ。もちろん日中は、水玉は目に見えない。すぐに、蒸発してしまうから。

概念としての「共生」ではダメ

田んぼの学校では、さらにみんながわかったつもりで、じつは実感していないことがらについて、踏み込んでみたいのだ。たとえば「共生」という言葉がある。みんなわかっているような気分だろう。でも「自然との共生」ということを、頭の中だけで理解していると、大切な「人間と自然の関係」が見えなくなってしまう。言葉だけの理解では、自然と「向き合う」「つきあう」「折り合う」「ゆるす」、あるいは「あきらめる」「ほっとする」「誇りに思う」などという、自然との共生を仕事の中で支えている「百姓仕事」の実感は見えてこない。そんな実感などは「個人的な思いだ」「個別的だ」「普遍性がない」とみなされ、いままであまり省みられなかった。こうして大事な自然環境の世界は、百姓仕事の中から表現されることもなく、時は過ぎ、百姓はじっと、自分の胸に抱いたまま、生きてきたのだ。「田んぼの学校」では、百姓仕事を通して、自然と人間が「共生」するとはどういうことなのかを実感できるためにはどうしたらいいか、答えを見つけるのだ。

ある田んぼの学校で、無農薬の田んぼと、農薬散布をした田んぼを比較調査していた。田植え前の議論では、無農薬支持派が圧倒的に多数だったらしい。ところが稲刈りが終わって、無農薬の田んぼの収量は、農薬田の七〇%だということがわかった。すると今度は、農薬肯定派が多数になったそうだ。ここには、この五〇年間の農業試験場や大学農学部の繰り返しがある。経済性重視の価値観を確認するために、田んぼの学校を開く必要はない。見事に「共生」は、「収量＝カネ」に敗れ去っていたのだろうか。少数になってしまった無農薬賛成派の意見には、「ゲンゴロウがいた」

「草の花がきれいだった」という報告があった。そこなのだ。農業試験場や農学部の研究者が捨て去った「ゲンゴロウのいのち」と「コナギの花の美しさ」があるのに、それを感じる感性を深めることができないでいる。自分の価値観や感覚と同じものを求めようとするのは、避けられない。しかし、もっと、もっと子どもの実感を受けとめてみたい。収量などという一つのその時代の人間がつくった価値観を確認するだけなら、田んぼの学校はいらない。その価値観すら、突き放し相対化してしまうほどの対象への迫り方が、求められている。コナギという雑草の花など、人生において何の意味もない、という精神にヒビを入れるために、田んぼの学校を開校しよう。

セオリー通り、田植えをさせて、稲刈りさせて、餅つきさせて終わる、そのことが悪いという気はない。そのプログラムを消化することよりも、その体験で子どもたちが何を感じるかが大切だろう。そのことに気づけば、プログラムも田植えと稲刈りに集中する必要はないことに目覚めるだろう。田んぼのまわりを歩き回るプログラムだって、十分に魅力的なものだ。それもれっきとした百姓仕事なのだから。

オタマジャクシはなぜあんなに、田んぼにいっぱいいるのだろうか。そもそもなぜ、カエルは田んぼに集まって卵を生むのだろうか。田んぼの学校が、そうした〝まなざし〟を育てる方法を学ぶ場になったときに、百姓仕事もはじめて理解されるはずだ。

「生物多様性」を手元に引き寄せるために

最近にわかに脚光を浴びてきた言葉に「生物多様性」というものがある。これを田んぼの学校でどう実感するかを考えてみよう。なぜなら、この概念も、自分で実感できなければ、何にもならないと思うからだ。

生きもののにぎわいはほんとうに望ましいことなのだろうか。駆除・排除・防除の技術が隆盛を極めていた時代には、虫一匹いない田、草一本生えていない田が、理想のように見えてしまったのも事実だ。殺虫剤や除草剤がそれを可能にしたように見えた。たしかに、そうした技術だけで見るなら、生きもののにぎわいは邪魔だ。生育に影響する要因は少ないほうが、コントロールしやすい、と近代科学は考えた。しかし、百姓は虫や草を根絶することは、不可能だと経験で知っていた。いかに、折り合うかが百姓の技術の達成だった。生きもののにぎわいを、うけとめ、うけ容れざるをえなかったのだ。そのために農法が発達した。「上農は草を見ずして草を取る」「夏虫はこやしになる」「腹八分目の肥が肝要」「田をつくるより、畦つくれ」というあんばいだった。現在でも、まなざしが深まれば、生きものの多様性を生かした技術が生まれる。ジャンボタニシやカブトエビによる除草がいい例だ。カブトエビでいかに水を濁らせる（除草させる）かは、細心の観察と深い洞察、大胆な試みと貪欲な情報収集力の結果、見事に福岡の百姓藤瀬新策さんによって技術化された。

メダカがいる川のほうが、いない川よりいいと思う感性はどこからくるか。なぜ日本人は、夏空を群れ飛ぶ赤トンボをいいなあと思うのか、なぜこの国の国民はホタル好きになってしまったのか、ぼくたちは考えたことがあったろうか。

「生きもののにぎわい」こそが、田畑のみならず農村の生態系を安定させるという仮説を実証しようという研究は、あるいは村の中の生きもののにぎわいにダメージを与える環境の変化の研究は、桐谷圭治さんや守山弘さんの先駆的な成果があるにもかかわらず、その後ダイナミックな展開を見せてはいない。それは自然環境を農業技術に組み込むことが困難を極めているからである。それを百姓の経験と人生に求めて、百姓によって、百姓仕事から掘り出せばいいのに。

百姓仕事を伝える

広く深い生産とは

農業は食料だけでなく、トンボもメダカも涼しい風も安らぐ風景も、水も祭りも人間の生きがいも「生産」しているという新しい発想を「広く深い生産」と呼びたい。従来の「狭い生産」の土台に、こうした「広く、深い生産」が横たわっているのだ。そういうまなざしで、農業・農村・食料を捉え直していくと、楽しい発見が待っているものだ。

たとえば最近子どもたちを対象に行われている「食農教育」の根拠を、農業労働の大切さに求めているのはいいとして、その百姓仕事が自然との関係を深め、カネにならない「広く深い生産」を支えているという本質にたどり着かないなら、なぜ「食農教育」が重要なのかは見えてこないだろう。雪印事件や東海村の臨界事故に象徴されるように、今この国の多くの労働は余裕を失い、虚しくなっている。「マニュアル通りにやらないからいけない」という批判は的はずれだ。マニュアル通りにしかできず、しかもそれすらできなくなっているのだから。低賃金であえいでいるから、余裕がないのではない。高賃金でありながら、仕事への誇りを失っている労働が多いのだ。だから労働時間を短縮して、五時からの人間性回復にかけるのでは、情けないだろう。カネから、仕事を人間に取り戻すためにも、カネにならない自然環境を豊かにする百姓仕事への評価を、この社会は本気でやるべきだ。

なぜ、百姓仕事だけを特別扱いするのかと問われる。いい問いだ。こんなにカネにならないものを、こんなに豊かに生みだしている仕事が他にあるだろうか。その豊かさがほめられようとほめられまいと、ただ大切な仕事だからと、続けていく。そのことに対して、効率が悪いとか、きついとか、無駄だとか文句を言う社会がある。人間の労働とは本来こういうものだと、教えないといけないのに。それが永くできなかったことを反省して、どれくらいのカネになるかではなく、もっと深いところで仕事の価値を実感させたいものだ。

ボランティア精神はここに

先年ある地区の稲作研究会の現地研究会で、田んぼの中のヒメモノアラ貝・逆巻貝をホタルの餌だと知っていた百姓は七二人のうち一人もいなかった。「作物」は対象化して分析するのに、未だに「環境」は対象化されてもいない。ホタルを取り戻したいというのが、言葉だけで、実感として持たれてないから、科学的な知識にたどり着いてないのだ。しかし科学的な知識は大事だが、やはり一枚一枚の田んぼや村々の環境を、そこに住んでいる住民や百姓がどう実感し、どう自ら評価するかということが先だろう。赤トンボを、メダカを、平家ボタルをも育てる稲作技術ができたとしても、それを行使するのは百姓だからだ。またそういう百姓が増えなければホタルを育てる稲作技術は形成されるはずがない。

ただ、そうした「広く深い生産」を、つまり環境を豊かにする課題を、百姓仕事だけがひきうけるわけにはいかない。むしろその前に、そうした生産に必ずしも寄与しない農業生物に代表される「自然環境」を、国民みんなのタカラモノとして評価し大切にする習慣（それはそうしたものを生みだす百姓仕事を大事にする文化と同義だが）を新しくつくりたい。そういう「環境の社会化」は最終的には政策に反映されなければならないが、当面は農業生物の豊かさを言葉にして、国民に発信していくのは、百姓の努力に頼るしかない。頭の中から生まれる言葉ではなく、実感として語るためには、百姓仕事の深さが問われるのかもしれない。昔は当然のようにそこに存在していた農業生物を、農が生みだしたものだと胸を張り、表現していく百姓たちの姿は、まぎれもなく今までなかった新しい文化なのだ。それもしばらくは、百姓の負担で続けざるを得ないということが、どれほどの人にわかっているだろうか。田んぼの学校では、それを子どもたちに伝えたい。

子どもたちにボランティア体験を義務づけるべきだという声があるが、この国の大人がまず、自分たちがタダで満喫している自然の由来を尋ねてみるべきだろう。それが人間らしい仕事によって維持されているのに、その対価を払おうともしない国に生きている自分たちの状態を解消しようとしない限り、どうして子どもたちに人間の仕事の大切さを伝えることができようか。

赤トンボと同じ構造

赤トンボを語ることによって、農の土台に横たわる今まで語られることのなかった世界を伝えようとしてきた。だけど、赤トンボと同じように表現されていない自然の生きものは山ほどいる。そのうちのいくつかを、同じようなまなざしで見つめてみようか。これらの生きものが、生産の土台を支えていることを、子どもたちに伝えたい。

ミジンコ

かつて田植え後の田んぼでミジンコを、網ですくっている人に会った。飼っている金魚のエサにするんだと聞いて、感心した。田植えが終わると、田んぼにはミジンコが大発生する。一ミリほどの小さい粒状のものが、水中で群れているのですぐわかる。このミジンコを含んだ温かい水が、水路に流れ落ちていく。それに惹きつけられて、メダカやドジョウやナマズやフナなどが田んぼにさかのぼって来る。産卵のためだ（遡上できないような水路の改修は、やっと見直されている）。生まれた稚魚は、ミジンコを食べてすくすく育つというわけだ。他にも多くの生きものがミジンコを食べて育つ。こうしてミジンコは、田んぼの生きものを土台で支えているのに、まったく無視されてきた。

ミジンコが多い田と少ない田がある。ミジンコ（動物性プランクトン）の多さで、田んぼの「地力」を判定できる。ミジンコのエサが多いかどうかがわかるからだ。ミジンコは何を食べているのだろうか。植物性プランクトンや細菌類、原生動物だ。さらに、この植物性プランクトンや細菌類は、有機物を食べている。だから、堆肥やワラや緑肥を施した田にミジンコが多いわけだ。ミジンコの量で、土の豊かさをはかろうと提案しようと思う。

最近、除草のために、米ぬかを田んぼに散布するやり方が、注目されている。田植え後、米ぬかを田んぼに散布すると、急激に糸状菌や細菌に食べられて分解され、水の中は酸素不足になる。そうすると、草の発芽が抑えられ、出たばかりの芽が枯れていく。この状態は他の生きものにとっても、生きにくい。ところがその後、ミジンコが大発生するのだ。ミジンコのえさが多くなったからだ。

ミジンコは雌しかいない。しかも卵は親の体の中で孵化し、五～六日でもう親になってしまう。寿命は二〇～三〇日。秋には土が乾いても大丈夫な卵を産み、冬を越すようだ。そして代かきの入水を待つ。田植え後三〇日ぐらいは、ミジンコは誰の目にもつく。ぜひ、子どもたちにも見せてあ

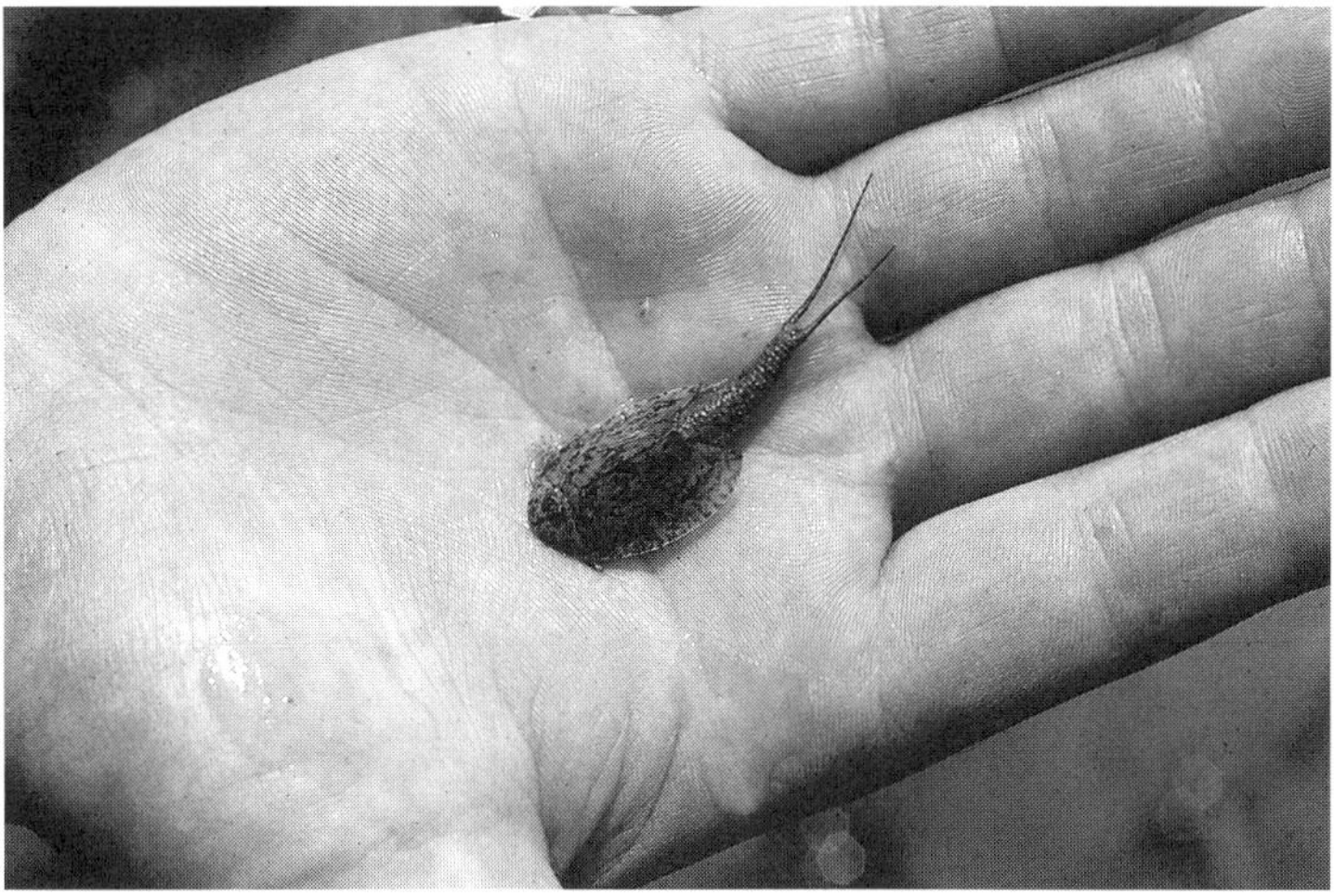

カブトエビ
カブトエビで田の水が濁るようになると、しめたもの。

ユスリ蚊
田んぼのユスリ蚊の巣の中の幼虫。

げたい。

ユスリ蚊とイトミミズ

ぼくはユスリ蚊の役割の大きさが一番認められていないと思う。百姓なら誰でも目にしているのに、すごいことをしているのに、誰もそのことに気づいていない。

ユスリ蚊の成虫は田んぼでもよく「蚊柱」をつくって群れている。夏の夜になると電灯に集まってくる。蚊に似ているが、刺したりはしない。害虫でもない、益虫でもない、「ただの虫」の代表でもある。多い田では一〇アールに二千万匹以上もいるようだ。つい、何のためにきみたちは、そんなたくさん田んぼにいるの？　と尋ねたくなる。ぼくは、今年も夏の夕暮れに、ユスリ蚊の群に赤トンボが数百匹も集まり、せっせと食べているのを飽かずにながめていたものだ。ウンカの中国からの飛来が遅れた年には、ユスリ蚊はクモのエサにもなってくれている。田んぼのクモの巣に一番かかっているのが、この虫だ。田んぼの生きものを支えてくれている立て役者なのだ。

ところでユスリ蚊の幼虫もよく目にしているのに、知らない百姓が多い。アカムシ、金魚虫などと呼ばれている真っ赤な、一センチメートル弱ぐらいの細い虫だ。その巣は写真で見てもらえばわかる。ええっ、これがユスリ蚊の巣なのか、という感じだろう。どこの田にもあるが、正体を知らないまま過ごしてきたものに、まなざしを向けるのが新しい環境技術だ。

幼虫は成虫とは別の、とても重要な役割を担っている。河川や湖沼ではユスリ蚊が大発生して、迷惑がられているところもあるが、そのためにユスリ蚊の研究が進んだ。ユスリ蚊は水の中の汚れを分解してくれている。田んぼの中では、ユスリ蚊は有機物を食べて、分解物を稲が吸いやすいようにしてくれている。

同じように有機物を食べてくれるのがイトミミズ（ユリミミズとも言う）だ。有機物が多い田んぼで、土に穴があき、そこから赤い糸状のものがひらひらして、捕まえようとすると深くもぐってしまう。しかも深いところの有機物と土を一緒に食べ、地表に細かい土を吐き出しトロトロ層をつくる。イトミミズが多い田は草が少なくなる。

これらの生きものも、どこの田んぼでも普通にいる。珍しい生きものでなくても、子どもたちは興味を示すものだ。

カブトエビ・豊年エビ・貝エビ

やっぱり「農業技術」にするとはすごいことだと思う。カブトエビや貝エビのことは知っていた。それが除草に役立つとわかると、見る目が違ってくるから現金なモノだ。日本にいるカブトエビは、雌雄別々のアジアカブトエビが多い。よくオスとメスがもつれ合っているのなら、この種だ。アメリカカブトエビとヨーロッパカブトエビは雌雄同体だが、ヨーロッパカブトエビは山形県にしかいない。

カブトエビが九州で増えてきたのは、ここ十数年前からだ。なぜ増えてきたのかはよくわからないが、冬の田んぼが乾くようになったこと、カブトエビの天敵が減ったこと、カブトエビのエサが増えたことが考えられる。しかし、もともとカブトエビは大正時代に、アメリカカブトエビが中国から侵入してきたと考えられている。その後アジアカブトエビが侵入してきたのは、昭和三〇年代だったろう。一九六〇年代前半にブームがあり、田んぼの草取り虫として活用が盛んに研究されたが、うまくいかなかったようだ。

カブトエビは八〇本ぐらいある足で土をさかんにかき混ぜ、土と一緒に有機物や藻類、草の芽、ミジンコ、ユスリ蚊の幼虫などを食べるのではなく、飲み込んでしまう。またこの時の濁りを強める工夫で除草効果は飛躍的に増すことが、藤瀬新策さんによって発見され、カブトエビ除草が完成された（除草剤を散布すると、濁りが澄んでしまう）。カブトエビが多い田では、小さな草がよく浮いて、畦ぎわに流れ着いてかたまっているのがわかる。カブトエビが多い田では、トロトロ層が発達し、最近厄介者扱いされている「表層剥離」などは発生しない。この現象は田の中に、生きものがいないことを警告していると見るべきだ。

よく水路でカブトエビの大発生が話題になるが、田んぼから逃げ出したものばかりだ。逃げ出すタイミングは代かきの後だ。代かきで水面に浮いた〇・五ミリの卵は、光の刺激で一〜三日で孵化する。生まれたばかりの小さい幼生は、代かき水と一緒に流れ出てしまう。だからカブトエビを増やすには、代かき水を捨てないことが一番大切だ。次にカブトエビのエサである有機物を十分施すことが秘訣だ。幼生は一〇日もすると産卵し始め、約一〇〇〇個の卵を産み続ける。田植え後一月もすると、ほとんどのカブトエビは寿命を終える。その後卵は乾燥に耐え、一〇年以上の寿命があると言われている。

最近「トリオプス」という名で、教材用にカブトエビの卵が売られている。アメリカカブトエビらしい。

豊年エビは弥生時代からいた。江戸時代は観賞用として金魚みたいに売られていた。どうして現代人はこうした余裕を失ったんだろうか。豊年エビを見ても、変なのがいる程度のまなざしになったのはどうしてだろうか。こんなに優雅できれいなエビが田んぼにいるのに、気づかないなんて。このエビは背泳ぎをしている。脚は二二本。ミジンコを食べているようだが、カブトエビがいる田んぼでは、このエビもよく見かける。オス・メス別々。

貝エビがエビとは思いつかなかった。田植え後、盛んに水中の土の上を泳ぎ回っている二枚貝のようなものがいることに気づいたのは、ずいぶん前のことだ。脚が四八本もあり、実に動きがすばしこい。これもオス・メス別々だ。豊年エビよりも、土を濁らせる効果がある。

これらの三種は、もともと砂漠の生きものだと考えられている。年に一回ある雨季の、雨でできた湖で発生すると言う。この湖が乾かないうちに、産卵しなければならないのだ。だから寿命が短く、卵は乾燥に強い。それが水田にいるということは、水田が砂漠に似ていると言うことだ。中干し、落水、そして裏作ができる地帯に多い。だから冬に乾く田ほど都合がいい。もちろん湿田にはいない。ぜひ子どもたちと探してみたい生きものだ。

ドジョウとメダカ

ぼくが農業改良普及員になった一九七三年頃、よく百姓にドジョウ汁をごちそうになった。どこの水路にもドジョウやメダカやナマズやフナやコイがいた。ところが一九七〇年代後半から、ドジョウやメダカは急速に姿を消していった。それが、「圃場整備」によるものだとぼくは気づかなかった。ぼくは稲作担当の普及員だったが、当時はドジョウやメダカが、田んぼと水路を行き来する生きものだと知るはずもなかった。そんなこと稲作の技術書のどこを読んでも書いてなかった。

これらの魚はどれも、田植え後の田んぼに遡って来ていたのだ。産卵に適しているためだ。田んぼから流れ出る濁った水に刺激されるらしい。ドジョウも産卵数は四〇〇〇～二万個で、他の魚も産卵数が多い。これは卵が他の生きもののエサになってしまうことを見越しているためだ。いずれにしても稚魚は田んぼの中の方が、河川や水路よりずっと育ちやすい。ドジョウはよく土にもぐる。エサは有機物やミジンコだ、と言うことは、化学肥料ではない有機物による土つくりという百姓仕事が、魚も増やしていることになる。ドジョウはエラで呼吸するだけでなく、口から空気を吸い込んで腸でも呼吸する。この時、肛門から空気が漏れ、ギュウギュウという音がする。

秋になって落水すると、水路の水が少なくなってくる。危機を感じたドジョウは川上に向かって泳ぎ出す。そこを竹で編んだウケで待ちかまえて捕まえるわけだ。また、冬は川底の土の中で越冬するので、土の中のドジョウを掘り出して捕まえる。

ぼくの痛恨は、圃場整備事業によってほとんどの魚が田んぼに遡上できなくなったことに、危機感がなかったことだ。それは、圃場整備の技術に、カネにならないものを大切にする思想がなかったからだが、ぼくも百姓もまた要求しなかった。やっと、最近になって、生きもののことも考えた圃場整備が試みられようとしているが、試行錯誤の連続だ。子どもたちに魚採りもできない水路を残すわけにはいかないだろう。行政は予算を、百姓は知恵と心意気を提供する時期が来たようだ。

かつて、全国各地にコウノトリやトキがいた頃、田んぼや河川の豊富なドジョウやタニシがエサとして、これらの鳥を支えていた。今年から、兵庫県豊岡市の「コウノトリの郷公園」では、田んぼにコウノトリを放す試みが始まる。地元の百姓はどうにかして、エサになる生きものを増やそうと、試験研究を続けている。これも、新しい稲作技術になるだろう。コウノトリやトキも百姓仕事によって、野生復帰できるかどうかが問われている。

ゲンゴロウとガムシ

あの体に白い縁どりのある、大きなゲンゴロウはどこに行ったのだろうか。田んぼにいるのはコシマゲンゴロウやコツブゲンゴロウ、チビゲンゴロウばっかりだ。ゲンゴロウのメスは草の茎をかじって穴を開け、一個ずつ卵を産みつける。だから除草剤で草が生えない田んぼでは、ゲンゴロウは育たない。稲をかじったりできないからだ。少しは草がある田の方が、それもイネと競合しない草がある方が、いい田んぼなのだ。大型のゲンゴロウは大きい茎の草が必要だ。

ゲンゴロウに似てるけど、真っ黒でやや楕円形の虫はガムシだ。ゲンゴロウとガムシの違いは、

ゲンゴロウ
いま田んぼに多いのは、このコシマゲンゴロウだ。

ガムシ
オタマジャクシを食べるガムシの幼虫。人間の足にも食いつく。

ゲンゴロウは体の腹部に空気をためて呼吸するが、ガムシは腹の下の空気が銀色に光って見えるように、体内ではなく外にくっつけている。

田植えが終わるともうゲンゴロウやガムシが泳ぎ回っている。どうもため池から飛んできているようなのだ。その証拠に田植えが始まると、ゲンゴロウやタイコウチ、水カマキリなどが激減するため池もあるのだ。水温が上がり、ため池の栓が抜かれると、彼らは田植えが始まったことに気づくのだろう。なぜ田んぼに集まってくるのか、ここまで読んでくるともうその理由はわかるだろう。そう、水が温かくエサが豊富なところで産卵するためだ。

ところでゲンゴロウやガムシの幼虫は見たことあるだろうか。ゲンゴロウの幼虫は動きが素早く、足が胸部にある。ガムシの幼虫は泳ぎが上手でなく鈍い。頭の牙だけが目立つ。どちらも成虫とは似ても似つかぬ姿をしているのは、一度蛹になって、変態をするからだ。幼虫は三〇日ぐらいで、畦に登ってきて、二センチぐらいの深さで蛹になる。コンクリートの畦や、波板やビニールシートの畦が、ゲンゴロウにとっては致命的だ。畦の役割がいかに田んぼの生きものにとって大切かは、ほとんど評価されていない。エサは幼虫・成虫とも、ユスリ蚊の幼虫やオタマジャクシなどを食べる。ゲンゴロウはおもに動物を食べるが、ガムシの成虫は植物を主にした雑食だ。

子どもにとっては、ゲンゴロウやタガメはよく目につく虫だ。子どもたちの歩く畦の下で、これらの生きものが眠る期間があることを想像させたいものだ。

タガメとタイコウチ

『田の虫図鑑』を一緒につくった日鷹一雅さんは、気鋭の農学者だが、彼の案内で兵庫県のある村を回ったことがある。村ぐるみで、タガメの保護に取り組んでいるところだ。田んぼの中の畦ぎわの水の中をすくうと簡単にタガメがとれる、すごい村だった。中学校のナイター施設の下で待ち受けていると、三匹ほどが灯火に飛び込んできた。日鷹さんたちはタガメにマークをして放している(一三〇〇匹以上も)。これを見つけた村の百姓や子どもたちの情報で、タガメのくらしがやっと明らかになりつつある。

タガメは「田の亀」という意味で、大きいものは五センチにもなる。カエルやフナすら捕まえて、消化液を注射し、溶けた肉をすする。ところが最近ではペットショップで一匹五〇〇〇円もするというぐらい珍しくなってしまった。

タガメ
福岡県ではとっくに絶滅してしまったタガメ。

福岡県ではもう二十数年前に絶滅したようだし、佐賀県でも死骸が見つかっただけでも新聞記事になるぐらいだ。福岡の百姓もタガメには興味を持っていて、よく見つけたという情報が入るが、たいていタイコウチかコオイムシだったりする。それほどもう実物は遠い過去のものになってしまっている。

タガメが減った原因は農薬のせいにされているが、たしかに食物連鎖の上位にいるタガメに濃縮されたことは事実だが、どうもそれだけではないようだ。この理由をはっきりさせないと、百姓は自分の百姓仕事が生み出す環境に責任をおえないことになる。日鷹さんのタガメの研究は、農業の望ましいあり方を問う、つまりどういう自然環境を守っていくべきかを問う、新しい農学を構想する注目すべき研究なのだ。

タガメは田植え後に、里山や水路、ため池から田んぼにやってくる。やっぱり田んぼはエサが多いからだろう。田んぼでは落水時期まで産卵が続く。水面に突き出た杭や茎に産みつけられた一〇〇個ほどの卵をオスが守っているのがほほえましい。幼虫は五回脱皮して、四〇日ほどで成虫になる。成虫は、水路、ため池に移動し、どうも最後は里山で越冬しているようだ。だから地域全体の環境が守られないといけない。

中国地方ではタガメの卵を火であぶって食べていたそうだし、東南アジアに行くと日本種とそっくりのタイワンタガメがいっぱいいて、成虫は食用で揚げて売られている。独特の香りが好まれているようだ。タガメが一匹でもいたら、あなたの村ではピレスロイド系の農薬をやめるべきだ。

タニシとヒメモノアラ貝

タニシがまた増えてきたようだ。あなたの田んぼではどうだろうか。一平方メートルに一匹以上なら多い田だろう。あの美味しかったタニシも、農薬の濃縮残留で、水田のものはすすめられない。だからタニシは「ただの虫」である。ため池のタニシは、まだよく食べられて、コリコリした感じがなかなかいい。店のものは輸入品が多いようだ。

ところで、西日本各地で、除草に活用されているジャンボタニシはタニシの仲間ではない。スクミリンゴ貝が標準和名だ。この貝はピンクの卵を産むが、タニシは卵を産まない。小さな子どもが、母親の体から次々に出てきたときには、もう小さな貝の形をしている。六、七月の田んぼでは、一匹が二〇〜三〇匹の子貝を産むようだ。

この田んぼのタニシは「マルタニシ」という名前だ。ジャンボタニシとも競合しておらず、どちらともいる田が多い（ジャンボタニシは殻が薄く、先が尖っていない）。このタニシだけが田んぼで生きていけるのは、他のタニシよりも冬の乾燥に強いためだ。裏作に麦を播いている田んぼでも、結構いっぱいいる。冬は土に浅くもぐっているが、土の湿り気があれば越冬できる。将来、このタニシは重要な食べものとして、見直されてくるにちがいない。あまりにも「米」しか見ない農政は、もう終わりにしたい。

タニシは土や稲に付着した藻類などを食べるほか、腐った植物や生きものの死骸なども食べる雑食だ。田んぼで一番のろい生きものだから、ゲンゴロウやホタルの幼虫にねらわれる。またサギやコウノトリの絶好のエサになる。

タニシの名は「田主」から来たものだそうだ。それだけこの貝がなにか大きな力を持っていたのだろう。だから「田螺長者」の話が、各地に残っている。タニシは水の精霊の化身で、さまざまな難題を解決して、最後は長者の姫と結婚するという民話だ。「一寸法師」の話の、原型だそうだ。そういう目で、もう一度水中を動く姿を見つめてほしい。

他にも田んぼには、ホタルのエサになるヒメモノアラ貝、サカマキ貝や、平巻き水マイマイが多い。水路には川ニナやシジミがいる。すごいことなのに、忘れ果てている。

ところで、不覚にも最近まで知らなかったことがある。このサカマキ貝とヒメモノアラ貝とは田んぼの中で共生しているのかと思っていたら、とんでもない事態が進行していたのだった。サカマキ貝は戦後日本に侵入してきた貝だったのだ。ヒメモノアラ貝はおとなしく水草を食べる貝だが、サカマキ貝は水草はもちろんのことヒメモノアラ貝の卵や幼貝も食べるそうだ。場所によってはヒメモノアラ貝は駆逐されてしまっている。

こうした事態に百姓も農学者も気づかなかった。それはこれらの生きものが、小さかったこともあるが、生産に寄与もしないし、害にもならなかっただけの話だ。ジャンボタニシの侵入と拡散が、あれほど話題になったのは、大きく目立つ貝だったこともあるが、当初稲を食い荒らしたからだ。サカマキ貝の生息範囲を拡大していくことが、田んぼの自然にどういう変化を及ぼすのか、注意しなければならない。

トビ虫

ユスリ蚊と並んで、この虫も田んぼで目立たない「ただの虫」だ。ところがじつに重要な働きをしているにもかかわらず、無視され続けているのだ。出穂期以降の田んぼで一番数が桁外れに多いことは、虫見板を使ったことのある百姓ならすぐ思い浮かぶだろう。

稲が最高分けつ期を過ぎるとトビ虫が増えてくるのは、ワラを食べるからだ。だから冬の稲ワラの下でもっとも目立つのが、このトビ虫なのだ。代かきの時に畦ぎわに吹き寄せられたトビ虫が浮いているのもよく見られるものだ。有機物を食べる生きものの代表選手に「ただの虫」と名付けたのは悪い気もするが、ただの虫がただの虫ならぬことを教えてくれるかわいい虫だ。

このトビ虫はワラと一緒に紋枯病菌も食べているようだし、八月になってユスリ蚊が減って

トビ虫
稲ワラを食べて分解してくれるトビ虫。
よく飛び跳ねる。

くると、代わりにクモなどの益虫のエサになってくれるいい虫なのだ。百姓には知らないなんて言ってほしくない。

『田んぼの学校』の評判

友人の百姓が言う。ぼくが二〇〇〇年に出版した「遠い仕事」や「広く深い生産」を伝えるための『田んぼの学校』（農文協）の感想を「この本には、生産に役に立つことは全然書いてない。あたりまえすぎて、考えたこともなかったことが書いてある。あらためて考えてみると、納得することばかりだが、こういう本をついつい読んでしまう自分に苦笑してしまう。それにしても、こんな本が売れるようになったんだなあ、時代だなあと思う」と。農業書と言えば、生産をあげるための本ばかりだった。「しかし、『田んぼの学校』は、子ども向けの本でしょう？　農業書ではないでしょう？」と疑問を出す人もいる。無理もない。赤トンボの本といえば、農業とは関係ない理科観察の対象としてとりあげた本ばかりだ。また、子ども向けの農業の本と言えば、生産のしかたを説明する本ばかりだった。

それに『田んぼの学校』は子ども向けの本ではない。子どもに向き合う大人に向けて書いた本だ。わかりやすいが、極めて難しい内容だ。この「難しい」という意味だが、いままでの短い仕事では見えてこないもの、遠い仕事から生み出されるものを表現したから、難しく感じるのだ。

ときどき学校で講義をすることもあるが、学生の感想でまれに寄せられるのは、こういうものだ。「わかりやすい話しだけど、ほんとかなと思ってしまう。なぜなら、今まで聞いてきた講義とは全然ちがうところを見ているような気がする。それにしても、そういう考えで世界を語りきる姿勢には驚いてしまうが、恐い気もする。」いい学生だと思う。人の言うことを鵜呑みにしていない。しかし、どちらが正しいかというようなものではない。ぼくの語り方と見方が、受け容れられるかどうかは、数年すれば答えが出るだろう。

三〇年前なら、確実にこのような本は馬鹿にされただろう。もちろん書く人もいなかったろうが。でも五年ほど前から、こういう本が求められ始めていると感じてきた。一〇年先になれば、求めた意味は全貌を現すだろう。時代の行きづまりが、人間のまなざしを育てるのだ。そうなのだ。『田んぼの学校』も百姓仕事存亡への危機感から生まれたことは白状しておこう。

赤トンボは人を見ている

8章

畦の花を、かぞえていた
オタマジャクシを、ながめていた
赤トンボを、おもっていた
そのうしろで、ぼくをみつめていたタマシイが
死んでいく
もうぼくを見つめるものはないのか
自然よ
きのうのように、百姓みなが、田でおどっていたときのように

百姓仕事を、自然の生きものは見ている

田んぼの生きものとのかかわり

田んぼで生まれ育つ生きものは、みんな百姓仕事をじつによく見ている。そうしないと生存できないからだが、それにしても感心する。赤トンボが、田んぼの百姓の姿を目ざとく見つけて、集まってくることは前にも述べた。八月の午後の田んぼ、誰もいないように見えるのに、必ず赤トンボはどこからともなく飛んでくる。その赤トンボを食べるために、ツバメも田んぼに飛んでくる。またツバメは、田んぼに農薬を散布すると必ず寄ってくる。農薬にあわてふためいて、田んぼの上で飛び跳ねる虫たちを捕まえやすいからだ（決して、虫たちが農薬を避けて逃亡するわけではない）。「だめだ、だめだ、食べてはダメだ」と追い払いたいのに、農薬のかかった虫を食べて、ツバメは中毒していく。ツバメは農薬の動力散粉機のエンジンの音に反応するらしい。同じようにエンジンの音に反応するのが、コサギ（白鷺）だ。田起こしをするトラクターの後ろを、ついて歩き、掘り出された土の中の虫たちを食べているのをよく目にするだろう。

メダカやドジョウなどの魚が田んぼに遡って来るのも、代かき・田植えを感知できるからだし、ゲンゴロウやガムシ、タイコウチなどがため池から、田植え後すぐに田んぼに飛来するのも、田植えが終わったことをどこかで知るのだろう。このように田んぼにはじつに多くの生きものが集まっ

てくる。主なものをリストアップしてみよう。

表8-1　田んぼで育つ主な生きもの

	【虫たち】	【害虫たち】※1	【魚貝たち】	【鳥・ほ乳類】	【は虫類ほか】
1	トンボ類※2	背白ウンカ	ドジョウ	コウノトリ	カエル類※3
2	トビ虫類	鳶色ウンカ	シマドジョウ	トキ	イモリ
3	イナゴ	姫鳶ウンカ	メダカ	白鳥	ヤマカガシ
4	カマキリ	ツマグロヨコバイ	ナマズ	雁	シマヘビ
5	ユスリ蚊類	コブノメイ蛾	フナ	スズメ	マムシ
6	蚊類	稲水象虫	コイ	コサギ	石ガメ
7	セセリ	稲象虫	ヒナモロコ	アオサギ	草ガメ
8	ゲンゴロウ類	二化メイ虫	アユモドキ	アマサギ	糸ミミズ
9	ガムシ類	稲ヨトウ	カダヤシ	シギ	カブトエビ
10	タガメ	稲ツト虫	ウナギ	カモ	豊年エビ
11	タイコウチ	カメ虫類	タナゴ類	ヒバリ	貝エビ
12	水カマキリ	稲泥負虫	スクミリンゴ貝	燕	ヌカエビ
13	コオイムシ	ケラ	タニシ	カラス	ミジンコ
14	マツモムシ	キリウジガガンボ	川ニナ	きつね	アメリカザリガニ
15	平家ボタル	アブラムシ	ヒメモノアラ貝	たぬき	モクズガニ
16	アメンボ類	稲カラバエ	サカマキ貝	いたち	赤手ガニ
17	黄アゲハ	芯枯線虫	水マイマイ	もぐら	サワガニ
18	モンキチョウ	アワヨトウ	シジミ	イノシシ	
19	クモ類		ヒル	ネズミ類	人間

※1：害虫とは稲を食べる（吸う）虫のことである。※2：トンボについては53ページにリストアップしている。

カエルとのつきあい

ここでは、カエルを例にして、もう少し、自然と人間との関係を考えてみよう。

ぼくはこの数年、田んぼのオタマジャクシが気になってしょうがない。こいつらが一番えらいのじゃないかと思えてならないのだ。なぜあんなに田んぼにはオタマジャクシが多いのだろうか。考えたことがあるだろうか。田植えの半月前になって、雨が降り、田んぼに水がたまるとしよう。でもカエルたちは鳴かない。代かきのために田んぼに水を引く。それでも彼らは鳴かない。ところが代かきを済ませて、上がってきたその晩から、彼らの鳴き声は天まで届くぐらいだ。やかましいぐらいだが、いい声だ。あれはオスがメスを求めて鳴く切実な声なんだ。代かき前に産卵すると、とんでもないことになるって、百姓ならわかるだろう。カエルは代かきという百姓仕事を見ているのに、百姓の方はカエルを見ていない。だからなぜこんなにオタマジャクシが多いのかがわからない。オタマジャクシを平気で殺すような水管理をする。稲作技術の中にカエルをちゃんと位置づけてやらないと、彼ら彼女らに申し訳ない。

最近田んぼで多数派になっている土ガエルや沼ガエルは一〇〇〇個以上の卵を産む。わが家の田んぼでは一〇アールに一二万匹のオタマジャクシがいる。あなたの田んぼではどうだろうか。オタマジャクシを数えるようになると、稲作技術は根本から変わってしまう。これだけ多いということは、誰かのエサになって死んでいくことを見越しているということだ。

ワラなどの植物の遺体や動物の糞尿などの有機物を、細菌や糸状菌、ユスリ蚊が食べる。その排泄物を植物性プランクトンが吸収する。それをミジンコが食べ、ユスリ蚊をオタマジャクシが食べ、ミジンコをヤゴが食べる。こういう食物連鎖で、ピンと来ただろうか。田んぼは人間の手つかずの原生自然よりも、よほど生きものが豊かな「自然」だと言える。なぜなら、多くの生きものが田んぼに集まってくるからだ。ところがその理由が、これらの何の変哲もない、小さな生きもののいのちにあることを、ぼくたちは実感してきただろうか。

　ところが、カエルの世界にも大きな変化が押し寄せてきている。多くのカエルが減ってきているのだ。田んぼで産卵するカエルは、一、二月に産卵する赤ガエル。四月に産卵するヒキガエル。五月に産卵する殿様ガエル、東京ダルマガエル。六月に産卵する雨ガエル、土ガエル、沼ガエルが主なものだが、六月に産卵するカエ

雨蛙
水の中は好きでなく、稲の葉にとまって、虫を食べる。

殿様ガエル
田植機の普及で、めっきり少なくなった。

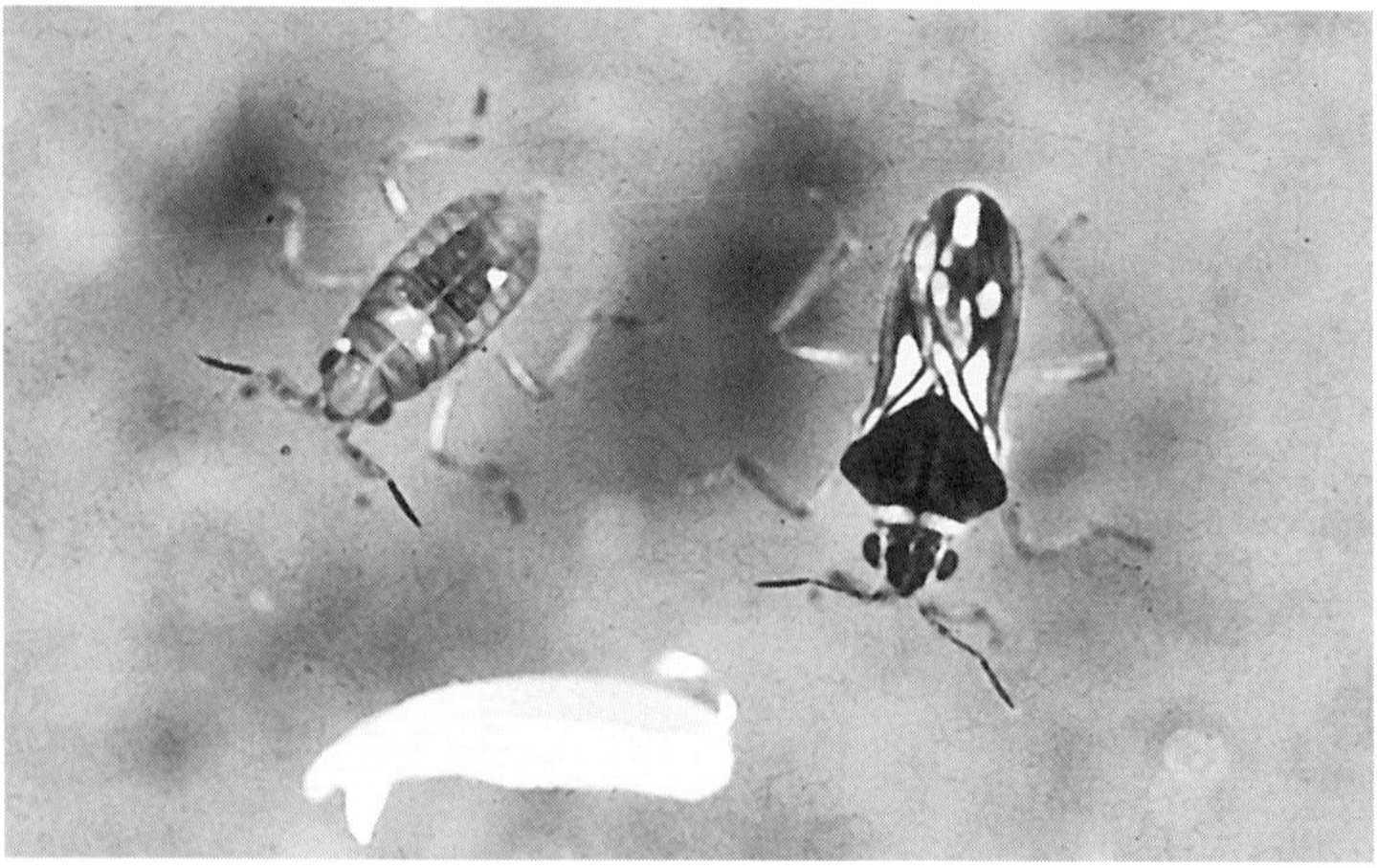

ケシカタビロアメンボ
１mmの小さな小さな益虫、芥子肩広アメンボを、百姓は知らない。

ル以外は激減している。産卵場所がなくなっているのだ。赤ガエルは山から冬の田んぼの水たまりに降りてきて産卵する。ところが乾田化で、冬でも乾いている田が多くなった。ヒキガエルもそうだ。殿様ガエルは田植え前の田んぼの苗代で産卵していたが、田植え機が普及して産卵場所を失った。田植後の水温は三五℃を越える。この高温にたえられる卵とオタマジャクシは、雨ガエル、土ガエル、沼ガエルしかいない（田植えの早い東日本ではどうだろうか。教えてほしい）。

オタマジャクシは多くの生きもののエサとして犠牲になりながら、自分は有機物や細菌、藻類や生きものの死体も食べる雑食性だ。一方親のカエルは、虫が大好物だ。とくに田んぼの水の上に落ちるウンカは格

表8-2　田んぼで育つカエルたち

名　前	大きさ♂	越冬地	産卵時期	鳴き声	生息地域
日本赤ガエル	45mm	里山	1～3月	キョッキョッキョッ	九州、四国、本州
山赤ガエル	50mm	山地	2～4月	キャララ	九州、四国、本州
日本ヒキガエル	100mm	里山	3～5月	グルル	九州、四国、関西以西の本州
東ヒキガエル	120mm	里山	3～5月	クッ・クッ・クッ	関西以東の本州
殿様ガエル	70mm	水田周辺	4～6月	グルル	九州、四国、関東以外の本州
東京ダルマガエル	70mm	水田周辺	4～6月	ゲゲゲゲ	関東地方
シューゲル青ガエル	35mm	水田周辺	4～5月	リリリ	九州、四国、本州
森青ガエル	60mm	山地	4～7月	カララ・カララ	本州
日本雨ガエル	30mm	水田周辺	4～7月	クワッ・クワッ・クワッ	九州、四国、本州、北海道
土ガエル	40mm	水田周辺	5～9月	ギュウ・ギュウ	九州、四国、本州、北海道南
沼ガエル	35mm	水田周辺	5～8月	キャウ・キャウ	九州、四国、本州東海以西

『日本カエル図鑑』（文一総合出版）などから作成（沖縄をのぞく）
土ガエルと沼ガエルは、腹が白いのが沼ガエル、まだらに黒いのが土ガエルだと区別できる。雨の日の前に鳴くのは、日本雨ガエル。

好の食べものだから、クモにはかなわないが、カエルには感謝したい。カエルの寿命は三〜四年、この間にぼくたち人間は、何匹のカエルと目を合わすことになるだろうか。

ぜひ、オタマジャクシを殺さない水管理を心がけたい。カエルも育てられない百姓だと、ののしられないように。

人は赤トンボを見なくなっていく

人が見つめ返す番

近代化された社会になればなるほど、人間は「自然」に触れたいと思うようだ。結構「自然が好きだ」なんて、臆面もなく言う人が少なくない。百姓も、否が応でも自然とつきあう仕事を続けている。ところが、仮に自然がおかしくなる兆候に気づいたとしても、そのことを語り合う場が、村の中にほとんどない。表現しないでいると、人間は忘れていく。表現し、議論してないから、自然がおかしくなった後でも、回復手段を探すこともできない。

近代化技術によって百姓もまた、自然を支えている「百姓仕事」が見えなくなっている。一方、農業研究者や農業指導員が見ているのは、「技術」であって、「仕事」ではない。だから百姓仕事の中の自然は見えない。同時に、自然を豊かにする技術は未形成だと気づくしかない。自然環境を、百姓が見つめ返すには、研究者や指導員がそのことを支援するには、二つの方法がある。仕事の中に取り込むこと、技術にすること、この二つだ。このことを実例をあげて、説明しよう。

仕事と技術の違い

まず、仕事と技術の違いを、整理しておこう。仕事には必ず百姓がくっついている。ところが、技術は百姓がいなくても成り立つ。「いい仕事だ」と言うときは、百姓を誉めている。しかし「いい技術だ」と言うのは、百姓を誉める場合よりも、純粋にそのテクニックの質をほめる場合が多い。百姓がくっついていると、どうしてもその百姓の個性もくっついてしまい、「普遍性」と「普及性」と「再現性」が損なわれる、と科学では考えてしまう。

だから仕事から「技術」を取り出して、マニュアル化すれば、誰にでも利用できる、と農学（科学）は考えた。これが科学が経験を押しのけて、時代を席巻する利点であり、そして限界でもあった。そのことに多くの科学者は気づかない。

なぜなら、技術は技術のままでは、用をなさない。百姓が使いこなさないとはじまらない。使いこなしたときに、つまり仕事になったときに、「技術」ははじめて成果をもたらし、評価の対象になる。だから、「技術」だけを取り出して、それだけの評価はできない。それなら、仕事を評価すればいいようなものだが、科学にとっては困る事態になる。「それではその技術を、客観的に他の技術と比較できない」と考える科学者が多いのだ。

科学者になると、なぜ比較しないといけないのだろうか、だいたい比較できるのだろうか、とは考えなくなるのだ。収量とか、コストとか、収益性を比較するのは、ほんとうは「百姓仕事」を評価したいのに、科学ではできないから、そういう尺度で代用しているにすぎないのに、農学者はそうは考えない。こういう尺度自体が、すぐれて客観的なものだと、人間を忘れて、考えてしまう。ここが、農学（科学）のすごい発明でもある。収量や金額なら比較できる。人間の要素を入れなくても、どちらが優れているか判断できる。それがあたかも、その百姓の評価になってしまうことに、疑問を抱かない。

しかし仕事の評価は、儲かるかだけではない、自分にあっているか、家族は受け入れるか、美しいか、楽しいか、納得できるか、生き甲斐を感じられそうか、持続できるか、周辺の田畑に迷惑をかけないか、自信を持って販売できるか、自慢になるか、……など無数にある。まして、自然環境とのつながりを深めるような仕事の場合、収量や経済性などという尺度は、たいして意味をなさない。農学は新しい尺度を見つけられないでいる。その程度のまなざしでは、仕事と環境の関係はつかめない。

環境を仕事に入れる

そこでぼくはこう思うのだ。人間が自然環境を手中にするには、仕事の中で自然を意識することと、自然との関係を技術にしてしまうこと、この二つの手法があると言いたいのだ。どちらも必要で、どちらも有効なのだ。このことを〝オタマジャクシ〟を例にとって考えてみよう。

水田で、オタマジャクシが死んでいる。思いがけず、水がかからずに田んぼが、干上がったからだ。その百姓はまずかったと思う。死臭が追い打ちをかける。「オタマジャクシのためには、水を切らないようにしないといけないな」と思ったその時に、カエルという自然が、その百姓の仕事の中に埋め込まれることに、農学者は気づかなければいけない。理屈ではない。その百姓はそう感じるようになったのだ。動機はあったはずだ。カエルが好きなのかも知れない。あるいはカエルの鳴き声が好きなのかも知れない。オタマジャクシの死んだのを見るのが嫌だけなのかも知れない。それとも、生きもののいのちがいとおしいのかも知れない。それも研究すればいい。

ある百姓は、オタマジャクシをかわいいと思っている。カエルに特別の思い出を持っている。それはどうしてなのかと考える感性が、科学者や指導員や役人には、必要なのに欠けている。技術とちがって、「仕事」には、その百姓の価値観と、経験の質が見事に投影されているから、それをつかまなければ、技術化することなど夢のまた夢だろう。

環境を技術にする

ところが、オタマジャクシが死んで、何かマズイことがあるのだろうか、と考え始めるなら、それを技術にできる。そのためには、オタマジャクシはなぜ、あんなにたくさんいるのだろうか、カエルになったら「益虫」として、どれくらいの働きをしているのだろうか、と疑問に思う好奇心が必要だ。あるいは、なぜ田植えが終わると、カエルはあんなに鳴くのだろうか、あの鳴き声がなぜ好きなのだろうかと、こういう好奇心が、環境の技術化の原動力になる。ところが従来の農学や普及活動は、こうした疑問や好奇心を封じ込めてきた。「生産に寄与しない」という理由で。そういう制約をまず、取り払わなければ、新しい環境の技術を生み出す〝まなざし〟は生まれない。百姓でも、農学者でも同じことだ。

意外に、オタマジャクシやカエルのデータはない。それでも、仮説を立ててみる。「カエルが田んぼに集まってくるのは、繁殖しやすいからだろう。水もぬるくなるし、エサもいっぱいあるし、でもこれは、他の生きものにとっても都合のいいことじゃなかろうか。だから、オタマジャクシがあんなに卵を産むのは、他の生きもの、うーんトンボやゲンゴロウの幼虫とか、

草を食う虫

雑草のヒメミソハギを食う羽虫。

サギなどに食べられるからじゃないだろうか。すると、オタマジャクシが田んぼの『生物多様性』を支えているのか。クモは一日にウンカを一〇匹も食べているというデータがあるが、カエルは体が大きいからその何倍も食べているのじゃないだろうか」と考えるようになると、とっくに従来の農学のワクを軽々と飛び越しているのだ。

そこで、こう考える。「オタマジャクシがカエルになる期間、つまり田植え後の三〇日間は、水を切らさないようにしたらどうだろうか。この期間は、他の生きものにとってとても大事な時期だ。田植え後の田んぼには、生きものが集まってくる。とくに益虫やただの虫が多い。害虫を大発生させないためには、様々な生きものが存在せねばならない、と言われているから。」こういうふうに考えていき、オタマジャクシの役割を科学的に表現し、それを守る技術を提案する。こういうアプローチもあるだろう。

技術から始めて仕事の中に埋め込むか、仕事から技術を抽出するかは、状況で判断すればいいことだ。同時進行もあるだろう。「自然環境」を仕事の中だけに閉じこめているなら、科学者はいらない。「技術」にするのが、農学者や研究者や指導員の役割だ。なぜなら、そういうオタマジャクシにも眼を注ぐ仕事を、おおいに広げなくてはならないからだ。そのために「農学」が存在していると言いたい。

環境の技術を評価する

農業が「自然環境」を生み出していることを公言するなら、環境をどう評価するかは避けて通れない。そこで再び、福岡県糸島地域の「環境稲作研究会」のメンバーへのアンケートを紹介する。会員の水稲作付面積の合計は二五〇ヘクタール、地域の水田の約一〇%に及ぶ。しかも会員の水田の四分の一の六五ヘクタールが無農薬だ。自分の田んぼの全部、あるいは一部を無農薬で栽培している人数は三分の二を越える。彼ら自身による意識調査の結果を見てみよう。ここには会員の自然環境への意識と、環境稲作技術のレベルが見事に反映している。

質問

メダカやドジョウやカエルを増やすためには、田植え後の水管理や無農薬の除草法、あるいは除草剤の選定にも気を配らなければなりません。そこで一

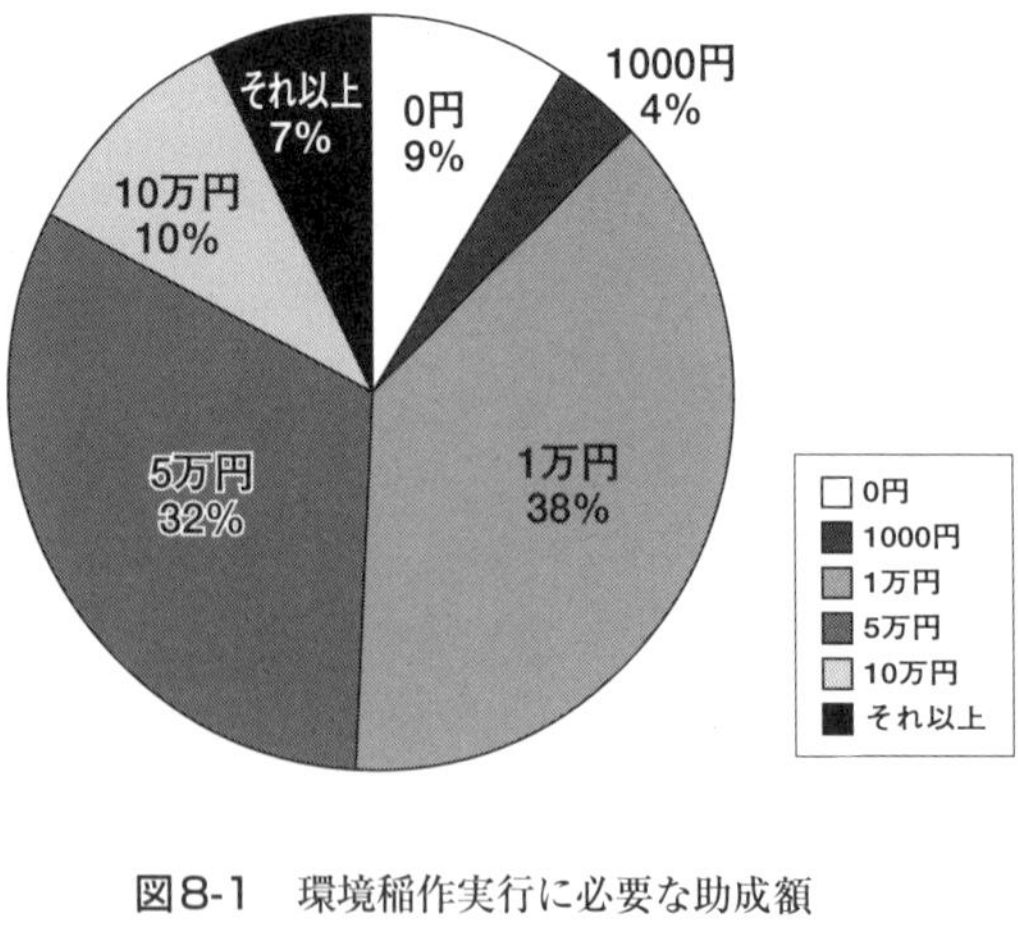

図8-1　環境稲作実行に必要な助成額

○アール当たりいくらの助成があれば、これらの生き物の命を優先的に配慮した稲作が実行できますか。

この回答は図8—1に示した。除草剤に頼らない除草法を、すでに自分の田で確立している百姓の要求額は低く、まだまだ試行錯誤で自信のない百姓の要求額は高い。除草剤離れができない百姓の要求額は、とくに高くなっている。奇妙なことだが、自然環境を豊かにする技術を身につけて、無農薬技術を仕事に十分組み込んでいる百姓ほど、環境の技術への助成に対して要求度が弱い。

これは未熟な百姓に助成が必要であることを示唆しているが、同時にレベルの高い技術には別の評価が必要なことを教えてくれる。なぜなら、こうした無神経な「助成」とは無縁なところで、無農薬の技術を試行錯誤し、生きもののいのちにまで神経を配ってきた百姓にとって、なにが「助成」だ、という反発があるのだ。それに対して、この国の社会は評価のしかたを知らない。

赤トンボを見る余裕の回復

百姓も赤トンボを見なくなった

赤トンボを見ている百姓と、見てない百姓の差がひどくなっていく。伝統的に赤トンボの出生を語らないのが、この国の自然観だという話は、前に述べたが、そうではなく、百姓が田んぼに行かなくなってきたのだ。

　夏休みに、子ども相手に田んぼの生きもの観察教室を開くことがあるが、子どもたちがつかまえた生きものを木陰に並べて、説明をしていると、いつの間にか親たちが子どもの頭の上から、身を乗り出してきている。「ほう、アシトリガッパ（タイコウチ）がまだいたのか」などと、話に加わってくる。

　一〇アールあたりの稲作の労働時間は、この五〇年間に四分の一に減少した。時間だけを見てはいけない。田んぼに足を踏み入れる時間は、百分の一に減った。さらに虫たちに眼を注ぐ時間は千分の一に減った。これは近代化の輝かしい成果だった。それに異を唱えた例外は「虫見板」は、「虫見板」による観察だった。だから

ジシバリ
タンポポよりも可憐なジシバリは畦をおおいつくす。

減農薬運動は近代化から生まれた、近代化批判の運動だった。「虫見板で田を見る余裕が、今の農家にあるわけがない」と、どれほど言われたものか。にもかかわらず、虫見板と減農薬稲作は広がっていった。

生きものなんか見て何になる、という考え方に一矢報いる運動の先がけが減農薬運動だった。そうした自覚は、赤トンボやカエルがぼくたちにもたらしたものだ。あれから、二四年がたった。生きものへのまなざしは、やっとこうして議論の俎上にのぼり始めた。

野の花を見る夫婦

百姓夫婦が春の田んぼの畦に腰掛けて休んでいる。二人の会話に耳を傾けてみよう。

妻：ねえ、この花きれいだと思わない。
夫：ああ。
妻：とっても好きなの、名前知ってる?
夫：小型のタンポポか?
妻：違う、ジシバリって言うのよ。タンポポより、ずっと優雅でいいでしょう。
夫：ああ。
妻：こんな時ね、百姓していてよかったと思うのは。こんなに畦の花が咲き乱れているんだもの。
夫：でも、この花、カネにはならないからな。

妻：また、そんなふうにばっかり言う！
夫：だって、そうじゃないか。赤トンボもメダカもカエルも彼岸花も涼しい風も、春のこの畦の花も、何もかも百姓仕事で守られていると言うけど……
妻：そうよ。
夫：誰か、ほめてくれる人がいるか？　カネになるか？
妻：だから、男はダメなんだよ。カネ、カネ、ばっかり言って。
夫：「経済」と言ってほしいな。経営がなくては、農業は成り立たないぞ。
妻：いや、ちがうわ。誰も評価しないって、ぼやくけど、自分が「経営」から、はずしているんじゃないの。
夫：しかたがないじゃないか。
妻：でも、普段はカネより大切なものがある、カネで買えるものはたいしたものじゃない、って言ってるくせに。
夫：農業経営は別さ。
妻：そうやって農業は、カネでしか評価できない狭い世界にはまりこんでいったんじゃないの。
夫：経営というのはそういうものなんだよ。
妻：ちがうわ。カネにならないものも入れての経営だってあるはずよ。カネにならないもので、どれほど支えられてきたか、あなたもわかってるでしょう。

夫：でも、オレたちが習った経営はカネが尺度だったからな。
妻：それは、農業経済学が悪いのよ。宇根さんも言ってたわ。農学は人間を忘れてるって。
夫：うーん、人間が見えなくなってしまったから、畦の花に感動する人間のまなざしや、それに畦の花それ自体も、農学は対象にしなかったんだな。
（少し間をおいて……）
妻：それに気づいていた？　あの畦見て。あまり花が咲いてないでしょう。
夫：ああ、去年の秋の畦草刈りを省いたからな。
妻：そうそう、春の畦の花って、秋の畦草刈りをするから美しく咲くのね。
夫：百姓は野の花にはげまされ、野の花は百姓仕事で支えられ、ってわけか。
妻：なかなかいいこと言うじゃないの。
夫：そうだな。百姓仕事ってものは、今まで生産物の価値で評価されてきたけど、カネにならないものも、いっぱい「生産」しているよね。
妻：そうよ、だから畦の花も、赤トンボもメダカも涼しい風も風景も、みんな「生産物」だと言いたいわね。
夫：国は「多面的機能」と言ってるけどね。
妻：何よ、「機能」なんて。百姓仕事がなくても、成り立つような感じでしょう。きらいだわ。あなた、「多面的機能」って何なの？

夫：だから、「洪水防止機能」や「水源涵養機能」や、えーと「風景形成機能」や、それから何だっけ……

妻：理解してないの？

夫：「機能」なんて言うから、何かよそよそしくて、人ごとみたいな気になるんだよな。こんなの理解するものじゃなくて、実感すればいいのにな。

妻：そうよ、「機能」ではなくて、めぐみなのよ。あなた、百姓していて、感じためぐみは何がある？

夫：そんなの、限りなくあるよ。この畦の花の美しさだって、そうじゃないか。おまえと一緒に仕事できることもそうだな。

妻：そうよね。機能をほめられるのじゃなくて、こうして仕事していることを、田んぼをつくりつづけている仕事をほめてもらいたいわね。

（やや間をおいて……）

妻：でも、百姓仕事を子どもに体験させるのが、流行ってきてるんだって。

夫：そうらしいな。宇根さんの『田んぼの学校』が一〇万部も売れたって、びっくりしたな。でも、なぜ百姓仕事なんだろうか。体験するなら、自動車工場のボルト締めでもいいような気もするけど。

妻：そこよ。カネにならないものを生み出す仕事は、もう百姓仕事しかないからじゃないかな。だって、みんな気づいているのよ。人間はカネになることばかりやって生きていけないもの。カネになろうとなるまいと、しなければならない仕事があることを、教えるのはもう、百姓仕事しかなくなっているんじゃないかしら。

夫：どうして百姓仕事だけが、そうなのかな。

妻：もし子どもたちに、野の花を美しいと感じる心がなかったら、それを支えている百姓仕事の大切さも伝わらないわよね。

夫：そうだよ。

妻：百姓仕事は、自然に感動する人間の感動とつながっているのよ。

夫：工場では、そうはいかないよな。

（少し、間をおいて……）

夫：そう言えば、夫婦で畦の花の話をしたのは、はじめてだな。

妻：うん、私たちだけじゃなくて、子どもにも見せてあげなくちゃね。明日つれてこよう。

この会話を聞いて、どう思っただろうか。メダカやトンボじゃメシは食えない、という話を鵜呑みにして、引き下がる人間には見えない世界が、ここにはある。このまなざしの新しさと、近代化を超えていく力を感じてもらえただろうか。この夫婦の子どもは、明日田んぼにやって来るだろうか。やって来るなら、そこは田んぼの学校になるのだ。

自然のカタログ

先日ある生活協同組合の商品カタログを見て感心してしまった。こういう商品が載っていたのだ。

①黄アゲハの飛翔：この蝶は人参の葉や芹の葉、パセリの葉を食べて育ちます。人参畑で幼虫を見かけても、殺さずに蝶になるまで待つのです。この蝶の命を一口二〇〇円で。

②夏のアゲハ蝶：アゲハ蝶の幼虫はみかんの葉を食べて育ちます。みかんの木のためには、いけないのですが、大発生することもないので、食べさせてあげています。この蝶が育つみかん園の減農薬のために、一口三〇〇円。

③赤トンボの風景：夏空、秋空に群れ飛ぶ赤トンボは、ほとんど田んぼで生まれています。この赤トンボを守るために一口四〇〇円。

④メダカの泳ぐ川：田んぼから流れ落ちる水に誘われて、メダカの両親は田んぼで産卵します。この水路を守るために一口五〇〇円。

⑤蛙の鳴き声：代かき前にはいくら雨が降って、田んぼに水がたまろうと、カエルは鳴きません。でも代かきが終わると、水温が上がり、餌のミジンコが増えて、オスはメスを安心して呼ぶために鳴きます。この鳴き声が続くように一口二〇〇円。

⑥彼岸花の風景：花茎が伸びる前の草刈り、花のあと葉が出る前の草刈り、彼岸花を美しく咲かせる毎年変わらぬ畦草刈りに一口六〇〇円。

畦の花の美しさなんて、販売カタログに載るはずがない、と思っていた。カエルのにぎやかな声や田んぼから吹く涼しい風、朝露に濡れて一面に輝くクモの巣、百姓は誰にも語らない、語る価値がないと教わったから。語らないものが、カタログに載るはずがない。カタログに載らないものは、誰も買わない。誰も買わないものは、価値がない。

そうだろうか。冷害にやられた稲穂をかわいそうにと思う心がカタログに載るようになった。赤トンボやオタマジャクシやメダカの稚魚のために、田んぼに水たまりを欠かさない仕事がカタログに載る。そういう時代が、そこまで来ている。いつの頃からだろう。「食べもの」は自分のことしか語らなくなった。おいしいよ、新鮮だよ、安全だよ、安いよ……。だから、安全な食べものなら、オーストリア産や中国産もあるよとささやかれると、買ってしまう人がいる。食べものを育てる百姓仕事が、ゲンゴロウやホ

竹の樋
竹を割った樋で水を引き、真ん中の石で水の量を調節する。

タルや、彼岸花や白鳥も育てていることは、忘れられ、誰も知らない国になった。

でもね、こうした日本の「自然環境」が、ほんとうは百姓仕事によって、守られてきたことを、百姓が語るためには、「語ってよ」と、せがむ人たちが必要なんだ。「カタログに載せてよ」ってね。

ところが「そんな、自然をカネにするなんて、商品にするなんて、自然への冒瀆だ」といきまく人がいた。そうなのだ。こういう考えを通用させたのは、巧妙な思想操作があったからだ。だって、自然がタダだったから、この国は世界に類を見ない高度経済成長を達成したのだった。百姓が生み出した水に、土に、風景に、空気に、涼しい風に、ホタルに、メダカに一銭も払わずに、来れたから、工場を、道路を、空港を、住宅地を、ゴルフ場を、そしてスーパーや都市を平気で建設できた。このことはとても重要なことだ。そのために、多くの命と自然が失われた。その鎮魂をやれというのではない。それを忘れまい、と思うのだ。

値段の魔法

思えば、値段とは不思議な基準だ。同じ一〇〇円ならリンゴ一個もゴルフボール一個も、同じ価値だと思うようになってしまった。値段がない赤トンボは、一〇円の紙コップよりも価値がない、ように思える。

ところが、コメのカタログに、赤トンボも一匹一〇円で載っている。ある消費者は、一〇〇匹買ったと言う。紙コップと比較することはない。もちろんトンボが届くわけではない。トンボを育てる百姓仕事を買うわけだ。ところが「でも、それは減農薬米の価格に、上乗せされているんじゃないの」と思っている人もいる。米の価格で、何が表現されているだろうか。そりゃあ、安全性は少しは上乗せされているかも知れないが、赤トンボの価値なんか、表現されたことはなかった。米価要求のリストに載ったことなど、なかった。表現されないものは伝わらない。伝わらないものは、評価されない。そういう米の売り方が続いてきた。

そのカタログは米の売り方を変えようとしている。別のページには水害で腐れた稲穂への悲しみが、一口二〇〇円でカタログに載る。その金は総額三〇〇〇万円になり、被害を受けた百姓に届けられたと言う。何かが変わろうとしている。変わらないと、大事なものが守れないから。変わらないと、大切なものが伝わらないから。

赤トンボや涼しい風を守る価値がない、そうあからさまには言わないが、確実に軽視してきた思想に、百姓も消費者もどっぷり浸かってしまった。「しかたがない。どうしようもない」と感じてしまう。「カタログでは世の中は変わらない」と言う。しょせん資本主義の宿命さ、とうそぶくだけで何もしない人たちがいた。何もしないことが、何かをしてしまうのが、この近代化社会ではないか。だから、あえて人間の近代化への違和感を、形にするカタログが出てきたことに注目したい。自然環境の新しい表現と評価の試みに拍手をしたい。

時間をとりもどす

現代人はタイムマシンに乗れない

一つの例で考えてみよう。有機農業を実践している百姓が、田植えの時に、代かきのあとたまったままになっている水を水路に流す。もちろん農薬や化学肥料は使用してない。昔もそうだったから、何の加害者意識もないのは当然だ。昔と同じ栄養豊富で、プランクトンをたっぷり含んだ水だが、かつては小川や海の水にとって貴重な栄養源だった。そのおかげで川の魚や貝やホタルや水草が育ち、やがて海に下って、河口の魚が貝が藻類が育った。ところが今では、ますます汚染を深刻化させるだけだ。有機農業をやる百姓はいくら望んだとしても、過去には戻れない。農薬や化学肥料を使用していないと言っても、田んぼからの排水が免罪されるわけではない。時代の限界と悲しさを、ひきうけて生きていかなければならない。そういう意味では、五〇年前の百姓に比べたら、どれほどしんどいことか。

かつてはタイムマシンは必要がなかった。ずっと変わらぬ暮らしがあったから。やがて過去は暗く惨めで唾棄すべきものだと、教育された。未来にこそ、輝かしい夢があった。ところが、自然が破壊されてくると、豊かな自然にいだかれた過去に憧れるようになった。そうしてタイムマシンが必要になってきた。ところが、過去の豊かさに気づいた今では、もう乗ることは不可能なのだ。そうした時代をひきうけながら、背負いながら、生きていくしかないのだ。

だから、ぼくたちに近代化主義者が浴びせかけてくる「君たちは、昔に戻れというのか」という批判は、的外れで、無知で、無神経なのだ。「戻れないから、苦労しているのだ」と言うしかない。

百姓を続けていくこと

小規模農業であろうと、大規模農業であろうと、「農」を維持していくことは、必然的に近代化批判にならざるをえない。このことを自覚できなかったから、この国の農民運動は縮小していった。それはしかたがないことだろう。自然の評価、百姓仕事の評価が、近代化思想ではできないことを、わからない人間がまだまだ多い。経済性のことだけを考えれば、百姓も消費

稲作研究会
田の畦で減農薬の研究会が開かれている。うしろむきで立っているのが筆者。

者も食べものは買って食べた方が、よほど安くつくだろう。外国からの輸入ならなおさら、カネを節約できる。安い農産物を買って節約したカネをどこに使おうというのだろうか。まさか、自然環境を守るために投入しようというのではないだろう。

だから買わないで自給すると、前近代的な遅れた生活に見える。遅れた農業生産のように見える。またそういう農業を、「趣味農業」などと、位置づける者が出てくる。そこには、カネを超えた、時間を超えたものがあるのに。それを近代化精神で「趣味」とおとしめてしまう人間には、何も見えてこない。本来人間の労働とはそういうものではなかったか。生きる場の実感では、カネより先に、生きる場を維持していこうという思想があった。

だから、労働基準法が真っ青になるほど、土日の百姓仕事が盛んになる。田畑を維持していくための仕事には、時間の近代化を拒否する精神が健在だ。ところが、この国の多くのサラリーマンは、仕事の効率を上げ、高額の給料を手にするために、働き、闘ってきたようだ。その結果、人間らしい時間は、土曜や日曜や五時からの勤務時間外に求めるしかなくなっていった。その程度の労働時間と百姓仕事の時間を比べて、百姓の方が多いからといって、年間二〇〇〇時間以内にしようと農水省は提唱している。生産の評価の尺度が、生産高とか収入でしかなかったのと同じように、仕事の質をはかるのにも、時間しか提案できないこの国の行政の限界をまたもや露呈している。

百姓の仕事時間を、趣味的な時間だと言うつもりはない（言ってもいいのだが）。でもそこに流れる時間が違うから、所得が低くても生き甲斐を見いだしてこれたのだ。ここにこそ、時間をとりもどす妙薬があるのではないか。この世にあって、タイムマシンに乗れる術が唯一あるのではないか。

農と自然の研究所

基本となる時代認識

「農と自然の研究所」は二〇〇〇年五月二〇日に福岡県二丈町に設立された。二〇〇一年二月現在で、会員は四五〇人を越えている。その設立趣意書から、引用する。

「赤トンボは人に親しまれ、詩に歌われ、群れ飛ぶ風景は十分に表現されてきましたが、それが田んぼで生まれていることは、まして百姓仕事によって育まれていることは、水田稲作二四〇〇年間の歴史の中で、一度も表現されることはなかったのです。それは当然と言えば当然のことでした。それがこの国の『自然観』だったからです。それほど自然はあたりまえに身の回りに存在し、ただ満喫していればよかった時代が長く続きました。ところが、農が人間の身近にあらねばならぬ理由が、これほど忘れ去られてしまうと、身の回りの環境はどんどん荒れていきます。しかも多くの人には、荒れてきたという自覚すらなくなっています。とうとう、ここに至っては赤トンボが田んぼで生まれていることを表現しなければならなくなったのです。こうした時代精神は幸せとは言いがたいものです。でも、ここにしかまた可能性も見えて来ないのです。

ところが『農』が、この国の自然をどう形成しているのか、百姓仕事が自然をどう支え、どう変化させているのかは、とても重要なことなのに、ほとんどわかっていません。たとえば畦に咲く花にどういう価値があるのでしょうか。どうして生きものは田んぼに集まってくるのでしょうか。なぜ農業体験のない都会人ですら、棚田を美しいと感じるのでしょうか。なぜ都会の子どもが『田んぼに石ころがない』ことを不思議がるのでしょうか。これを説明できるような研究が必要です。

この研究所は、農が生み出すカネにならないものを、百姓が胸を張って表現し、国民がその通りだと言って支援するための思想や、事実や、摂理や、農法や、情報や、感性を深めるために設立されます。赤トンボや棚田や畦の花は、例に過ぎません。あまりにも多くのモノが手づかずで野に吹きさらされています。この研究所は百姓仕事の中で、一つ一つそれをひろっていくのです。」

基本となる研究姿勢

「この研究所は、いわゆる研究所や試験場での研究だけを『研究』だとは思いません。一人一人の百姓が百姓仕事を通して、作物を見つめ、自然環境を見つめ、自分の技を見つめて生きています。そこで感じとる世界を、意識的に表現していくことは研究そのものです。そこに生きる人間の言葉で『論』にしていく作業を、この研究所は手助けします。また、そうした『論』が交換される『場』をつくり、さらに全国的なネットワークを形成していきます。

もちろん研究の範囲は狭い農業にとどまることはないでしょう。『農』とは限りなく広く、境界など定めにくいものなのですから、むしろ里山保全やビオトープ運動などの、農以外の分野の活動や研究が『農』に目を向けていることに注目します。それは『農は国の基』といったかつての農本主義とは別の、生きていく場から感じる豊かな水脈です。

この研究所は農や自然だけでなく、農や自然を感じる感性と意識をも、研究対象にします。そうした研究は従来の農学が、もっとも苦手としてきたことでした。さらに政策や価値観や言葉も研究していきます。たとえば『多面的機能』などというような借り物の言葉ではない、そこでくらす人間にしか表現できない言葉を見つけることが大切です。

主な研究の領域は、

一、農地とその周辺、村落の自然環境を調査・研究します。

とくに百姓仕事・暮らしとの関係を明らかにします。

二、減農薬・無農薬・有機農業・環境農業の技術研究を行います。

三、依頼に応じ農業技術の講習・助言・講演、情報提供を行います。

また『田んぼの学校』を中心とした環境教育の支援を行います。

四、思想や政策、歴史の研究を行い、未来に向けて提案を行います。

五、海外農業農村の自立のための支援を多様に展開します。」

基本となるサービス

「この研究所はカネにならない研究成果や取得・整理した情報を提供します。でもカネにならないから価値がないのではなく、カネにならないから最も重要なのです。理事の一人山下惣一は喝破しました。戦後の近代化でも近代化できなかったモノこそ、未来に残る大切なモノだ、と。ひょっとすると、『こんな情報など、あたりまえのコトじゃないか』と馬鹿にされることもあるでしょう。しかし、たとえばこんなことではないでしょうか。棚田がなぜ美しいのかを、百姓仕事を通して説明したとしましょう。棚田の草切りや畦塗りのこと、水管理のこと、開田したときの苦労などが、棚田の美しさを支えていることを具体的に自らの実感で語ることは、あたりまえのことではなく、日常的なことでもなく、誰もやらなかった新しいことなのです。

多くの百姓は『メダカやホタルじゃメシは食えない』と言います。メダカやホタルに価値を認めても。それを支える百姓仕事に価値を認めないしくみを温存したままの『自然保護』には問題が多いとは思いますが、しかし、なぜ圃場整備によってメダカが減ったのか、エサのヒメモノアラ貝は田んぼにこんなにいっぱい復活しているのに、なぜ平家ボタルは戻ってこないのか、を百姓自身がつかまなくては、身の回りの自然はさらに荒れていくでしょう。この研究所が考える必要なサービスとは、百姓仕事の深さと幅広さを自覚し、自慢するための支えとなる材料の提供です。それが百姓以外の人の共感を得ていくことに役立つでしょう。」

基本となる財源と研究所の寿命

「この研究所は会員の会費で支えられます。もちろん会費は重要な財源ですが、それはむしろ研究所と会員のきずなを確かめる象徴的なものになるでしょう。研究所は財源を確保するための営利事業を行いません。

だからこの研究所は、個人や法人からの善意の助成をあてにします。たとえば多くの財団が『環境問題』への取組みに積極的に助成をしています。しかし『農』への助成はわずかなものです。研究所は農への扉を大きく開くことも試みたいと思います。」

「この研究所は一〇年間をめどに存在します。一〇年後理事会と総会によって、その後のあり方を決定します。なぜならこの国にとってこの一〇年間がとくに重要な一〇年間だと思えるからです。とにかくこの一〇年間に全力投球するために、とりあえず第一期を、一〇年と区切ります。

この研究所には、さまざまな人間が同じ思いに根ざして集います。」

●入会希望は「農と自然の研究所」〒八一九―一六三一　福岡県糸島郡二丈町田地原一一六八
TEL＆FAX〇九二―三二六―五五九五まで問い合わせください。

おわりに

ぼくはきみに語りかける。はるばる今年も、東南アジアから飛んできた赤トンボに、語りかける。ただ、きみを愛で、自然に生まれてくるものだと思っていればいい時代は終わったんだよ。この国の「近代化」は、それを自覚せねばならないぐらいに、行き過ぎてしまったんだ。きみが田んぼで卵を産み、この国を埋めつくす風景になることに、「自然」の本質がある。それなのに、そのことがわからないぐらい、この国の近代化は人間を鈍感にさせてしまった。きみにそそがれる深いまなざしが、どれほどあろうか。きみはよく知っているはずだね。

この自覚から、ぼくは出発してきたんだ。きみのようなカネにならない生きものを大事に抱きかかえていられた時代に比べれば、現代はなんと余裕のない、情けない社会になり果てたものか。近代化精神から「百姓仕事」を救い出さないことには、きみは浮かばれないだろう。多くの人が「環境」の大切さを唱えるようになったのに、それを支える百姓仕事を表現できない、主張できない不甲斐なさを、この本で、問い続けてきた。身近な自然が大切なら、それを守り育てる百姓仕事が衰えてはならない。そう意識するのが、新しい「思想」なのだが、その思想を育てることができないでいる農業の側の怠慢についても、容赦するわけにはいかなかった。

もう二度と、近代化される前の心地よさと、体を全開させる仕事には戻れはしない。物質的に戻れないのではない。こうして考える精神がすでに近代化を通り越して、厳しく近代化を問う地点に達しているからだ。戻れはしないが、近代化精神の底にも、豊かな前近代が流れていることに気づき、それを失わないように、近代化の進め方を大きく軌道修正していこうと思う。そのために、きみに一肌も二肌も脱いでもらったというわけだ。

しかし、百姓の議論はもうここまで来ている。それを理論化し、思想にしていくために、ぼくは残りの人生を過ごそうと思った。農と自然の研究所の寿命は一〇年だ。この一〇年に確実に近代化を乗り越える思想を準備しておかなければ、近代化の甘い蜜を吸い続け、大事なものを葬った時代を生きてきた人間の責任は果たせない。赤トンボを見るたびに、何度「きみのために、何をしてやれただろうか」と、つぶやいたことか。でも、ごらんよ。新しい自然観と、新しい農業観はほら、もうあそこに見えるほどにはなったんだよ。

あとがき

県庁の役人として働いていたとき、よく言われたものです。「公務員は一部の人間のために働いてはいけない」と。この言葉ほど、役人を堕落させるものはないでしょう。この国では、税金をつぎ込んで加速させるまでもなく、「近代化」は社会が要請し、後押ししていることです。一方、近代化のひずみはいたるところに現れていて、そのことを指摘し、対案を準備し、評価されなくても、自費で対抗している人が増えてきています。こうした人たちへの手助けこそ、公的にやらねばならないと思っていました。減農薬の思想と技術は、大学や試験場ではなく、百姓の手で多様に形成されてきましたが、その手助けを何と言われようと「公務」でしてきたことが、ぼくの誇りでした。自己保身を考えなければ、役所は正しいことができるところでした。

そのぼくがそろそろ県庁を辞めようと思ったのは、この社会は本気で近代化を料理しようとしてないと気づいたからです。無農薬・減農薬農業への研究や支援は、後ろ指をさされなくなりました。ところが野の花や、トンボやメダカや涼しい風や棚田の風景を守ることは、「公」ではないと、ほとんどの住民が思っているのです。これには、まいりました。住民がまったく求めていないことを、公務員がやれるはずがありません。農業の近代化に乗らない「前近代的な」私的な生き方の中に、みんなが見失った公的な豊かな世界が残っていることを自覚し、表現し、評価する運動はまれです。効率が悪くても、経済性が低くても、仕事はきつくても耕し続ける、そういう余裕がなくなるなら、この国に「公」など、消滅するでしょう。

野の花に感動する。その感性を引き継いでいくためには、野の花を毎年変わらずに咲かせている人間の仕事に思いが及ばなければならないでしょう。自然にどっぷり浸かってくらした前近代なら、この構造に気づく必要はなかったでしょう。でも近代化は、思いも、仕事も、そして感性まで壊そうとしています。そのことへ、反撃する「私」はどこにあるのでしょうか。

そのしくみが、ぼくには、はっきり見えるようになりました。それを語るためには、近代化思想の言語よりも、ずっと強く、豊かな表現が不可欠です。それは「仕事」の中から鍛えるしかないでしょう。机の上は、それをまとめる場として重要ですが、感じる場ではありません。ぼくは、残り少ない人生を、野の花とともに、赤トンボや蛙とともに過ごそうと思ったのでした。彼ら、彼女らの声を、もっと深く聞き取らなければ、赤トンボに象徴される自然を、ぼくが代弁することはできないでしょう。残りの人生を、百姓仕事が生み出す自然を、深く楽しく語るための時間に使おうと決心したのです。

ぼくの思索のスタイルは、様々な人との議論にあります。幸いに、「農業改良普及員」という公務員として、「不良」ではありましたが、まともに生きてきたおかげで、大いなる人脈に結びつくことができました。この本も、これらに連なる水脈の人たちとの議論で生まれた言葉によっています。とくに藤瀬新策さんをはじめとする、地元の「環境稲作研究会」の百姓に深く感謝します。そして未練がましいぼくの背を押して、原稿の三分の一を書き直させた妻に感謝します。また、前回の『田んぼの学校』に続いて、カバーや章トビラに素敵な絵を描いてくださった貝原浩さん、熱い想いでこの本の企画をしていただいた築地書館の土井二郎さんに、心からお礼を申します。

　最後に、この本の想いが、全国の赤トンボやメダカや蛙やユスリ蚊たちに伝わるように、心から希います。

〈参考図書〉

（1）赤トンボや田んぼの生きものについて

『トンボウォチングガイド』新井裕ほか（むさしの里山研究会）二〇〇〇年
『田の虫図鑑』宇根豊・日鷹一雅・赤松富仁（農文協）一九八九年
『農村ビオトープ』宇根豊ほか（信山社サイテック）二〇〇〇年
『日本産トンボ幼虫・成虫検索図説』石田昇三ほか（東海大学出版会）一九八八年
『トンボの繁殖システムと社会構造』東和敬ほか（東海大学出版会）一九八七年
『原色日本トンボ幼虫・成虫大図鑑』杉村光俊ほか（北海道大学図書刊行会）一九九九年
『水辺環境の保全』江崎保男ほか（朝倉書店）一九九八年
『日本のトンボ』井上清・谷幸三（トンボ出版）一九九九年

（2）農の文化

『田んぼの忘れもの』宇根 豊（葦書房）一九八六年
『自然と結ぶ』宇根豊ほか（昭和堂）二〇〇〇年
『田んぼの学校・入学編』宇根豊・貝原浩（農文協）二〇〇〇年
『翻訳の思想』柳父章（ちくま学芸文庫）一九九五年
『三木露風　赤トンボの情景』和田典子（神戸新聞総合出版センター）一九九九年
『逝きし世の面影』渡辺京二（葦書房）一九九八年

『近代の逆説』渡辺京二（葦書房）一九九九年
『神になる科学者たち』上岡義雄（日本経済新聞社）一九九九年
『サイエンスウオーズ』金森修司（東京大学出版会）二〇〇〇年
『日本人の自然観』伊東俊太郎編（河出書房新社）一九九五年
『日本とは何か』網野善彦（講談社）二〇〇〇年
『貧農史観を見直す』佐藤常雄（講談社現代新書）一九九五年
『百姓の江戸時代』田中圭一（ちくま新書）二〇〇〇年
『自然保護を問いなおす』鬼頭秀一（ちくま新書）一九九六年

（3）農業技術

『減農薬のイネつくり』宇根豊（農文協）一九八六年
『除草剤を使わないイネつくり』民間稲作研究所（農文協）一九九九年
『害虫とたたかう』桐谷圭治（ＮＨＫブックス）一九七七年
『水田生態系における生物多様性』農業環境技術研究所（養賢堂）一九九八年
『自然を守るとはどういうことか』守山弘（農文協）一九八八年
『水田を守るとはどういうことか』守山弘（農文協）一九九七年
『保全生態学入門』鷲谷いづみ（文一総合出版）一九九六年
『環境稲作のすすめ』宇根豊（環境稲作研究会）一九九七年

さくいん

サ行 ——

タ行 ——

著者紹介――宇根　豊（うね　ゆたか）

一九五〇年長崎県島原市生まれ。一九七三年より福岡県農業改良普及員。一九七八年水田の減農薬運動開始。減農薬という言葉と虫見板は全国に広まった。一九八三年減農薬米の産直に初めて取組み、一九八三年ダイオキシン含有除草剤を国に一三年も先がけて福岡市で追放。ひたすら百姓と減農薬の技術開発に取組み、福岡県では農薬散布回数は半減し、糸島・福岡市地域では、無農薬の田は珍しくない。百姓の実践を理論化し、思想化するのが役目と自覚し、表現を鍛えてきた。一九八〇年から山下惣一さんらと「九州百姓出会いの会」を発起し、二〇〇一年で二二回になる。一九九〇年より「環境稲作」を提唱。

一九八九年新規参入で百姓に。二〇〇〇年三月、福岡県を辞め、NPO法人「農と自然の研究所」を仲間と設立し、代表理事になる。百姓しながら、各地を歩き、研究所が発行する全一〇〇巻の「百姓仕事と自然環境」本の執筆のための日々を過ごす。

主な著書

『田んぼの学校』（農文協）『田んぼの忘れもの』（葦書房）『田の虫図鑑』（農文協）『減農薬のイネつくり』（農文協）など。

農と自然の研究所　〒八一九―一六三一　福岡県糸島郡二丈町田地原一一六八

電話とファックス　〇九二―三二六―五五九五

「百姓仕事」が自然をつくる　2400年めの赤とんぼ

二〇〇一年四月二五日初版発行
二〇〇七年五月二六日第四刷発行

著者――宇根豊
発行者――土井二郎
発行所――築地書館株式会社
東京都中央区築地七―四―四―二〇一　〒一〇四―〇〇四五
電話〇三―三五四二―三七三一　FAX〇三―三五四一―五七九九
振替〇〇一一〇―五―一九〇五七
ホームページ＝http://www.tsukiji-shokan.co.jp/
印刷・製本――明和印刷株式会社
装丁・装画――貝原浩

 ISBN978-4-8067-1220-6 C0061

くわしい内容はホームページで。URL=http://www.tsukiji-shokan.co.jp/

築地書館の本

田んぼの生き物
百姓仕事がつくるフィールドガイド

飯田市美術博物館［編］　◉2刷　二〇〇〇円

この本を持って、田んぼへ行こう！　春の田起こし、代掻き、稲刈り……四季おりおりの水田環境の移り変わりとともに、そこに暮らす生き物のオールカラー写真ガイド。魚類、爬虫類、トンボ類などを網羅。

百姓仕事で世界は変わる
持続可能な農業とコモンズ再生

ジュールス・プレティ［著］　吉田太郎［訳］　二八〇〇円

世界の農業の新たな胎動や、自然と調和した暮らしの姿を、五二カ国でのフィールドワークをもとに、イギリスを代表する環境社会学者が、あざやかに描き出す。地方農政の実務に携わる訳者による解説つき。

「ただの虫」を無視しない農業
生物多様性管理

桐谷圭治［著］　二四〇〇円

減農薬や有機農業がようやく定着しつつある。減農薬・天敵・抵抗性品種などの手段を使って害虫を管理するだけではなく、自然環境の保護・保全までを見据えた二一世紀の農業のあり方・手法を解説。

農で起業する！
脱サラ農業のススメ

杉山経昌［著］　◉18刷　一八〇〇円

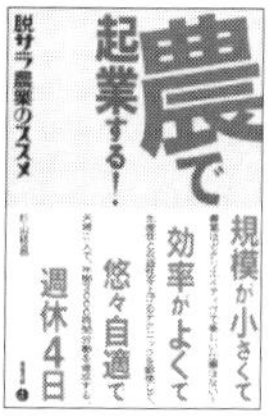

外資系サラリーマンから専業農家へ。従来の農業手法に一石を投じた専業農家が書いた本。規模が小さくて、効率がよくて、悠々自適で週休4日。農業ほどクリエイティヴで楽しい仕事はない！